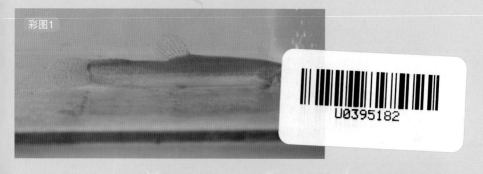

彩图1

彩图2

彩图3

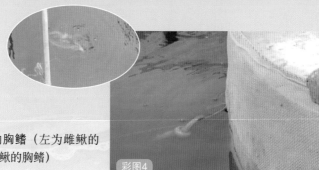

彩图4

彩图1　泥鳅

彩图2　大鳞副泥鳅

彩图3　雌鳅和雄鳅的胸鳍（左为雌鳅的
胸鳍，右为雄鳅的胸鳍）

彩图4　泥鳅交配产卵

彩图5　泥鳅亲本
彩图6　泥鳅的人工催产
彩图7　泥鳅的受精卵
彩图8　泥鳅孵化池

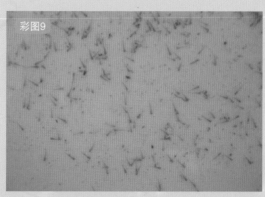

彩图9

彩图10

彩图11

彩图12

彩图9　泥鳅鱼苗
彩图10　防鸟网
彩图11　泥鳅仔鱼培育池
彩图12　人工培育的泥鳅鱼种

彩图13

彩图14

彩图15

彩图16

彩图13　泥鳅养殖水质管理
彩图14　查看泥鳅生长和摄食情况
彩图15　泥鳅高效养殖池塘
彩图16　泥鳅食台检查

彩图17

彩图17　泥鳅藕池养殖
彩图18　泥鳅赤鳍病（示鳍条充血发红）
彩图19　泥鳅白尾病

彩图20　泥鳅赤皮病（示体表出血发炎，尾鳍发白、呈扫帚状）
彩图21　泥鳅溃疡病一（示体表上大小不一、深浅不等的溃疡）

彩图18

彩图19

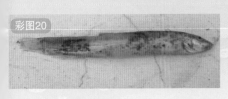

彩图20

彩图21

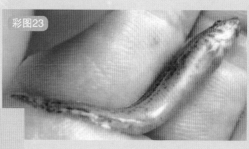

彩图22　泥鳅溃疡病二（示肌肉溃疡，可见骨骼）

彩图23　泥鳅出血病一（示体表弥散性出血）

彩图24　泥鳅出血病二（示体表点状出血）

彩图25　泥鳅"一点红"病（示头顶部充血、红肿）

彩图26　泥鳅烂鳃病（上面一尾泥鳅示"开天窗"）

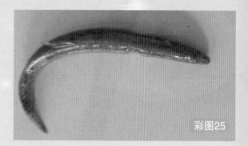

彩图27

彩图28

彩图27　泥鳅肠炎病（示腹部膨胀、肛门红肿）

彩图28　泥鳅水霉病（示棉絮状白毛）

彩图29　扁弯口吸虫的囊蚴

彩图30　患扁弯口吸虫病的泥鳅（示橙黄色的包囊）

彩图31　泥鳅气泡病（示腹腔中和身体左侧上的气泡）

彩图29

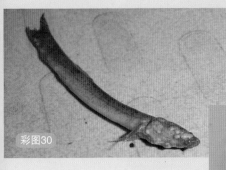

彩图30

彩图31

彩图32

彩图33

彩图34

彩图32　泥鳅的捕捞
彩图33　泥鳅苗种出售
彩图34　泥鳅分拣出售
彩图35　泥鳅装箱外运

彩图35

全国主推高效水产养殖技术丛书

全国水产技术推广总站　组编

泥鳅高效养殖致富技术与实例

凌去非　主编

中国农业出版社

图书在版编目（CIP）数据

泥鳅高效养殖致富技术与实例 / 凌去非主编. —北京：中国农业出版社，2016.7（2018.8重印）
（全国主推高效水产养殖技术丛书）
ISBN 978-7-109-21577-1

Ⅰ.①泥… Ⅱ.①凌… Ⅲ.①泥鳅－淡水养殖 Ⅳ.①S966.4

中国版本图书馆 CIP 数据核字（2016）第 077167 号

中国农业出版社出版
（北京市朝阳区麦子店街 18 号楼）
（邮政编码 100125）
责任编辑 郑 珂 周锦玉

北京通州皇家印刷厂印刷 新华书店北京发行所发行
2016 年 7 月第 1 版 2018 年 8 月北京第 3 次印刷

开本：880mm×1230mm 1/32 印张：6.25 插页：4
字数：163 千字
定价：28.00 元
（凡本版图书出现印刷、装订错误，请向出版社发行部调换）

丛书编委会

本书编委会

主　编　凌去非　苏州大学

编　委　凌去非　苏州大学

　　　　李　义　苏州大学

　　　　高　勇　全国水产技术推广总站

　　　　强晓刚　淮安市水产技术指导站

　　　　李彩娟　苏州大学

　　　　叶竹青　苏州大学

　　　　李　虹　重庆市水产技术推广站

　　　　翟旭亮　重庆市水产技术推广站

丛书序

我国经济社会发展进入新的阶段，农业发展的内外环境正在发生深刻变化，加快建设现代农业的要求更为迫切。《中华人民共和国国民经济和社会发展第十三个五年规划纲要》指出，农业是全面建成小康社会和实现现代化的基础，必须加快转变农业发展方式。

渔业是我国现代农业的重要组成部分。近年来，渔业经济较快发展，渔民持续增收，为保障我国"粮食安全"、繁荣农村经济社会发展做出重要贡献。但受传统发展方式影响，我国渔业尤其是水产养殖业的发展也面临严峻挑战。因此，我们必须主动适应新常态，大力推进水产养殖业转变发展方式、调整养殖结构，注重科技创新，实现转型升级，走产出高效、产品安全、资源节约、环境友好的现代渔业发展道路。

科技创新对实现渔业发展转方式、调结构具有重要支撑作用。优秀渔业科技图书的出版可促进新技术、新成果的快速转化，为我国现代渔业建设提供智力支持。因此，为加快推进我国现代渔业建设进程，落实国家"科技兴渔"的大政方针，推广普及水产养殖先进技术成果，更好地服务于我国的水产事业，在农业部渔业渔政管理局的指导和支持下，全国水产技术推广总站、中国农业出版社等单位基于自身历史使命和社会责任，经过认真调研，组建了由院士领衔的高水平编委会，邀请全国水产技术推广系统的科技人员编写了这套《全国主推高效水产养殖技术丛书》。

这套丛书基本涵盖了当前国家水产养殖主导品种和主推

技术，着重介绍节水减排、集约高效、种养结合、立体生态等标准化健康养殖技术、模式。其中，淡水系列 14 册，海水系列 8 册，丛书具有以下四大特色：

技术先进，权威性强。丛书着重介绍国家主推的高效、先进水产养殖技术，并请院士专家对内容把关，确保内容科学权威。

图文并茂，实用性强。丛书作者均为一线科技推广人员，实践经验丰富，真正做到了"把书写在池塘里、大海上"，并辅以大量原创图片，确保图书通俗实用。

以案说法，适用面广。丛书在介绍共性知识的同时，精选了各养殖品种在全国各地的成功案例，可满足不同地区养殖人员的差异化需求。

产销兼顾，致富为本。丛书不但介绍了先进养殖技术，更重要的是总结了全国各地的营销经验，为养殖业者更好地实现科学养殖和经营致富提供了借鉴。

希望这套丛书的出版能为提高渔民科学文化素质，加快渔业科技成果向现实生产力的转变，改善渔民民生发挥积极作用；为加强渔业资源养护和生态环境保护起到促进作用；为进一步加快转变渔业发展方式，调整优化产业结构，推动渔业转型升级，促进经济社会发展做出应有贡献。

本套丛书可供全国水产养殖业者参考，也可作为国家精准扶贫职业教育培训和基层水产技术推广人员培训的教材。

谨此，对本套丛书的顺利出版表示衷心的祝贺！

农业部副部长

前　言

　　泥鳅为杂食性小型淡水底栖性鱼类，在鱼类分类学上属鲤形目、鳅科。泥鳅营养丰富、肉味鲜美，素有"天上斑鸠，地下泥鳅"之美誉，其分布广、适应能力强、耐低氧、易养殖，已成为我国主要的淡水养殖鱼类之一，也是我国出口韩国、日本等国家的重要淡水水产品之一。

　　泥鳅的营养价值和药用价值已得到国内外消费者的一致认可。泥鳅的可食部分高于一般鱼类，约占整个鱼体的80%，脂肪和胆固醇含量低，属高蛋白质、低脂肪食品，其营养价值在鱼类中名列前茅。泥鳅每100克可食部分含蛋白质17.55克、脂肪2.31克、碳水化合物2.5克、灰分1.1克、硫胺素（维生素 B_1）0.08毫克、核黄素（维生素 B_2）0.16毫克、尼克酸（维生素 B_5）5毫克、维生素 E 0.79毫克、维生素 A 70国际单位。作为水产营养佳品，泥鳅性甘、平，可补中、止泄，并有祛湿解毒、消渴利尿、滋阴清热、养肾生精、祛毒化痔、保肝护肝之功效。近年来的研究表明，泥鳅含有多种对人体有益的生物活性物质，如泥鳅多糖、泥鳅多肽、抗菌肽、凝集素、超氧化物歧化酶以及透明质酸等，对于人类防病治病、强身健体、延年益寿大有裨益。经现代医学临床验证，采取泥鳅食疗，既能增加营养，又可补中益气，并具有开胃滋补、保肝护肝等效用。

　　泥鳅食性较杂，饲料来源广泛，适应能力极强，对养殖池塘环境条件、养殖设施和资金投入等要求较低，捕捞方法与运输方法简单，商品泥鳅可以进行远距离长途运输，苗种来源广泛，规模化人工繁殖和养殖技术渐趋成熟。我国泥鳅养殖业自 20 世纪 90 年代以来有了较大发展。如江苏连云港等地区，传统的泥鳅养殖模式多以暂养为主。但是近 5 年来，泥鳅养殖模式不断创新，主养模式中的泥鳅苗种放养密度开始降低，泥鳅与其他水产经济动物的混养模式和绿色健康的生态养殖模式已得到大面积推广。养殖模式的更新与优化使原先泥鳅暂养模式中"高投入、高产量、高风险"的特征发生了根本转变。

泥鳅现已成为国内外消费者喜欢的名优淡水水产品之一。目前，人工养殖的泥鳅以国内销售为主、出口为辅，以鲜活产品销售为主、深加工产品销售为辅。在国内泥鳅消费市场不断增长的同时，泥鳅出口贸易量逐年攀升，其中，韩国市场 70% 以上的泥鳅是从我国进口的。随着泥鳅深加工技术的发展以及产品销售形式的多样化，泥鳅养殖业将迎来更大的发展机遇。

编　者

2016 年 5 月

目　录

第一章　泥鳅的市场价值及养殖前景

第一节　泥鳅的养殖优势与市场价值

一、泥鳅作为养殖鱼类的优势

泥鳅是一种小型、底栖经济鱼类，适应能力极强，其对养殖池塘条件、水质条件及其他环境条件要求较低，在我国广大的农村连片池塘区域或房前屋后的小型水池均可以因地制宜地进行养殖。

泥鳅食性较杂，天然饵料来源丰富。自然水域中的浮游植物、浮游动物、底栖动物、水生高等植物及其残叶、腐屑和细菌等均是泥鳅的天然饵料。

泥鳅苗种来源较广。湖泊、河道、池塘、水稻田等湿地及水域均适于泥鳅生活与繁衍，往往可以通过地笼网、手抄网等渔具从以上水域中捕获野生泥鳅苗种，用于后期的养殖。与此同时，泥鳅规模化人工繁殖技术已相当成熟，为商品泥鳅的规模化养殖奠定了基础。

养殖泥鳅的模式多样，可以进行单一种类的池塘精养，也可以因地制宜地进行泥鳅与其他经济鱼类、泥鳅与河蟹、泥鳅与虾类、泥鳅与水生经济植物的多品种混养，以提高单位面积池塘养殖的经济效益。

泥鳅运输方法简单。由于泥鳅有鳃呼吸、肠呼吸和皮肤呼吸机制，其对运输条件要求不高，适于进行长距离运输销售。

二、泥鳅的营养价值与药用价值

泥鳅肉质细嫩鲜美，属于高蛋白、低脂肪的水产食品，且富含生物活性钙、磷及多种维生素。泥鳅性味甘、平。李梴在《医学入门》中称它能"补中、止泄"。李时珍在《本草纲目》中记载：泥鳅有暖中益气之功效；对解渴醒酒、利小便、壮阳、收痔都有一定药效。泥鳅对肝炎、小儿盗汗、痔疮下坠、皮肤瘙痒、跌打损伤、手指疔疮、阳痿、腹水、乳痈等症均有治疗效果。现代药理学评价试验也验证了食用泥鳅具有强身健体的功效。

三、泥鳅的市场价值

目前，我国人工养殖的泥鳅以国内销售为主、出口为辅。与20世纪80—90年代相比，泥鳅现已成为我国老百姓较为喜食的淡水鱼类之一，在四川、重庆、广东等地已出现了泥鳅专一性火锅连锁店。泥鳅国内市场价格随年份、季节和区域不同而有所波动，一般在32～60元/千克。

第二节 泥鳅养殖技术现状及养殖前景

一、泥鳅养殖技术现状

泥鳅养殖模式近些年发生了改变。传统的泥鳅养殖多以暂养为主，近5年来，我国泥鳅养殖模式正悄悄地发生改变。泥鳅主养模式中的苗种放养量开始降低，多数养殖户每667米^{2}的放养量已降至500千克以下。泥鳅混养模式开始流行，如泥鳅与河蟹的混养模式已在江苏省宿迁市等河蟹养殖区广泛推广，并取得了可观的经济效益。

近年来泥鳅规模化人工繁殖技术日益成熟，使得养殖企业能够实现泥鳅自繁自育和苗种自给，有效地降低了昔日野生苗种长时间、长途运输带来的后期养殖风险。人工繁育苗种的生长性能、规格整齐度等养殖性能已得到了养殖户的认同。

二、泥鳅养殖前景

泥鳅作为一种小型经济鱼类，因其营养丰富、肉质细嫩，国内市场正走向成熟阶段，养殖前景十分广阔。与此同时，人工繁殖技术和养殖技术的成熟也为泥鳅产业的健康持续发展提供了保证。

第三节　泥鳅深加工现状与发展展望

随着我国泥鳅养殖业的迅猛发展，泥鳅的养殖面积和产量不断增加，泥鳅深加工越来越受到人们的重视，具有广阔的市场前景。

一、泥鳅深加工现状

目前，国内外对泥鳅深加工的研发主要是在泥鳅营养学、药理学研究的基础上，对泥鳅粉、活性物质及方便食品等的开发。

（一）泥鳅营养成分分析

分析泥鳅的营养成分，评定其营养价值的优劣，可为泥鳅的营养学研究和深加工提供科学依据。

赵振山等（1999）对来源于湖泊的泥鳅和大鳞副泥鳅肌肉的营养成分进行了测定。结果表明，泥鳅和大鳞副泥鳅的蛋白质含量均较高，泥鳅的氨基酸总含量不仅高于大鳞副泥鳅，还高于大多数常规的养殖鱼类，同时氨基酸组成全面，人体的必需氨基酸的含量也较高，且鲜味氨基酸含量高于斑点叉尾鲴、黄颡鱼、鲇、革胡子鲇等几种名优鱼类。

张竹青等（2010）的研究表明，在常见淡水鱼类中，人工养殖泥鳅的含肉率仅低于虹鳟，蛋白质含量仅低于乌鳢、虹鳟及斑鳢，脂肪含量处于中上水平，肌肉的氨基酸总含量仅低于乌鳢，肌肉中鲜味氨基酸含量仅低于鳜。因此，人工养殖的泥鳅具有较高的营养价值。

钦传光等（2002）对泥鳅干粉、活体提取物、胃蛋白酶酶解提取物中的营养成分进行分析。结果显示，泥鳅及其提取物中含有丰富的游离氨基酸，其中胃蛋白酶酶解提取物中必需氨基酸和微量元素含量较高，同时具有重要生理功能的牛磺酸含量达 3.5% 以上，对人体的生长发育、提高智力及增强体能等具有积极的意义。王玉等（2012）的研究表明，泥鳅粉与其加工副产品中蛋白质含量高、脂肪含量低，泥鳅粉中的必需氨基酸组成符合联合国粮食及农业组织（FAO）、世界卫生组织（WHO）标准，属于优质蛋白。泥鳅粉加工的副产品中鲜味氨基酸尤其是甘氨酸含量较高。甘氨酸具有很好的药用价值。因此，泥鳅粉及其加工副产品均有很好的开发前景。

（二）泥鳅粉及其胶囊制剂

1. 泥鳅粉及其胶囊制剂的制备工艺研究

目前，我国研制的泥鳅粉的类型主要有泥鳅全冻干粉、泥鳅肌肉冻干粉、泥鳅皮冻干粉、复方泥鳅粉及其胶囊制剂。

张家国和孙静（2011）报道的复方泥鳅超微粉胶囊制备的工艺流程如下：泥鳅选购→暂养去腥→低温真空冷冻干燥→超微粉碎→高效混合→胶囊灌装→灭菌→成分及安全检测。

2. 泥鳅粉及其胶囊制剂的功效研究

研究表明，泥鳅粉能明显提高小鼠的游泳耐力、耐缺氧能力，显著增高血红蛋白的含量和红细胞的数量以及免疫器官功能，也能提高机体对高温和低温的耐受能力，还能提高对急性脑循环障碍的耐受能力，对 D-半乳糖胺盐酸盐、四氯化碳所致中毒性肝损伤小鼠具有保护作用。这提示泥鳅粉可以用作强身的保健食品，具有广阔的市场开发前景。

（三）泥鳅活性物质的研究

近年来的研究表明，泥鳅中含有多种对人体有益的生物活性物质，如泥鳅多糖、泥鳅多肽、抗菌肽、凝集素、超氧化物歧化酶以及透明质酸等，它们对于人类防病治病、强身健体、延年益寿大有裨益。

1. 泥鳅多糖

研究表明，泥鳅多糖主要由岩藻糖和半乳糖组成，相对分子质量约为130 000，其中含有的氨基糖和硫酸基特征结构及其较为明显的清除氧自由基能力对其生物活性和药用价值具有重要意义。泥鳅多糖在清除氧自由基、抗氧化、免疫调节、抗癌防衰、抗炎护肝、降糖除脂、防治心脑血管疾病等方面具有一定的作用。例如，泥鳅多糖对羟基自由基和超氧阴离子自由基具有较强的清除作用，对蛋白质糖基化有显著的抑制作用，因而在治疗糖尿病并发症方面有很好的应用前景。

张晨晓（2005）在细胞水平上研究了泥鳅多糖对小鼠免疫系统调节作用的机理，发现泥鳅多糖可以激活 T 淋巴细胞和巨噬细胞，而对 B 淋巴细胞没有作用；泥鳅多糖主要通过诱导肿瘤细胞的凋亡来抑制肿瘤细胞的增殖。吴穹和许晓曦（2012）的研究表明，泥鳅体表黏液多糖可通过调节人胃癌 SGC-7901 细胞中 $Bcl-2$ 和 Bax 基因的比例（即下调 $Bcl-2$ 而上调 Bax）促进细胞凋亡，从而抑制 SGC-7901 细胞的生长。

2. 泥鳅多肽

研究表明，酶解泥鳅蛋白没有明显的毒性作用，能调节小鼠的免疫反应，对四氯化碳、酒精所致小鼠肝损伤具有保护作用。

游丽君等（2008）以泥鳅肉为原料，采用 5 种酶制剂水解泥鳅蛋白得到小分子肽，以相对分子质量小于 500 的肽段为主，而各酶解产物的谷氨酸、色氨酸和天冬氨酸的含量提高，氨基酸组成较原料泥鳅蛋白更接近 FAO/WHO 推荐的成人模式。此外，在 5 种酶制剂中，以碱性蛋白酶（Alcalase）的酶解产物清除 1,1-二苯基-2-三硝基苯肼（DPPH）的能力最强。游丽君等（2009）的研究发现，泥鳅多肽的耐热性较好，即使温度达到 100℃，其清除 DPPH 和 2,2'-联氨-双（3-乙基苯并噻唑啉-6-磺酸）二胺盐（ABTS）自由基的活性保持率仍在 95% 以上；其耐光性较差，宜避光保存。采用冷冻和喷雾两种方式对其进行干燥，其清除 DPPH 和 ABTS 自由基的能力损失均不超过 5%。当 pH 为 2.0～7.0 时泥鳅多肽的抗氧化活性变化不显著，在碱性条件下活性丧失较快。Cu^{2+} 和 Zn^{2+} 浓度的增加能显著降低其抗氧化活性，而 Mg^{2+}、Ca^{2+} 和 K^+

则对其影响不显著。糖类对泥鳅多肽抗氧化活性的影响由大到小依次为：葡萄糖、蔗糖、海藻糖。质量分数为 $1\%\sim4\%$ 的氯化钠对其抗氧化活性影响不显著。郑淋等（2011）的实验结果表明，在泥鳅多肽加工中使用 121℃ 高压蒸汽灭菌 15 分钟对泥鳅多肽活性的影响较小。

姚东瑞等（2012）的研究发现，菠萝蛋白酶是一种比较适合于酶解泥鳅肉制备具有血管紧张素转化酶（ACE）抑制活性的活性肽水解酶，水解液中活性肽的相对分子质量主要集中在 924 左右。胡勇等（2012）以泥鳅肉水解产物对 ACE 的抑制率、水解度以及水解产物的肽含量为指标，从碱性蛋白酶、碱性内切酶、菠萝蛋白酶、胰蛋白酶、木瓜蛋白酶 5 种酶中筛选出碱性内切酶作为酶解泥鳅蛋白制备降血压肽的最适水解酶。胡勇等（2013）对泥鳅蛋白水解液 ACE 抑制肽进行初步的分离纯化，并研究其代表性组分的消化稳定性。结果表明，相对分子质量越低的组分，相同质量下抑制活性越强；经超滤和交联葡聚糖凝胶（Sephadex）G-15 分离纯化后的小分子肽组分 AP4 有较高的 ACE 抑制活性和消化稳定性，相对分子质量在 650，该多肽组分里没有胃蛋白酶的水解位点，这对于口服降压药的制备有一定的指导意义。

3. 抗菌肽

抗菌肽对细菌有很强的杀伤作用，尤其是对某些耐药性病原菌的杀灭作用，引起了人们的高度重视。某些抗菌肽对病毒、真菌、原虫和癌细胞等有杀灭作用，甚至能提高免疫力、加速伤口愈合过程。抗菌肽的广泛的生物学活性显示了其在医学上良好的应用前景。Park 等（1997）从泥鳅黏液中分离到一种含 21 个氨基酸残基的新抗菌肽，将其命名为泥鳅素（Misgurin）。泥鳅素是一种具有 5 个精氨酸残基和 4 个赖氨酸残基的强碱性多肽，其相对分子质量为 2 502。泥鳅素具有较强的体外广谱抗菌活性且没有明显的溶血作用，其抗菌活性是蛙皮素的 $2\sim6$ 倍，其对细胞膜的作用机制与蛙皮素的通道形成机制相似，低浓度形成通道，高浓度则导致溶胞。Dong 等（2002）自泥鳅中分离到一种含有 10 种不同类型的氨基酸（富含半胱氨酸）、由约 94 个氨基酸残基组成的单一肽链的多肽，命名为 MAPP，其相对分子质量为 9 800，等电点（pI）约为 4.78，不含碱性氨基酸残基。MAPP 对枯草芽孢杆菌、大肠杆菌及金黄色葡萄球菌等具有较好的抑制作用。裴颖和陈晓平（2009）的研究表明，泥鳅抗菌肽对嗜水气单胞菌、大肠杆菌及金黄色葡萄球菌具有良好的抗菌活性。

4. 凝集素

凝集素可作为研究细胞膜结构的探针，并可用于光镜或电镜水平的免疫细胞化学研究，在探索细胞分化、增生和恶变的生物学演变过程，显示肿瘤相关抗原物质以及对肿瘤的诊断评价等方面均有重要价值。Goto - Nance 等（1995）从泥鳅黏液中分离到两种凝集素，分别命名为 MAL - 1 和 MAL - 2。MAL - 1 是一种糖蛋白，其糖链由 D - 半乳糖（13.6%）、D - 甘露糖（2.1%）和 L - 木糖（2.5%）组成，完整 MAL - 1 的相对分子质量在 300 000 以上。MAL - 1 能与海鳗黏液凝集素的抗体反应却不能与藤壶贝类凝集素的抗体反应；MAL - 2 的相对分子质量比 MAL - 1 小。姚东瑞等（2011）从泥鳅血清中分离出两种天然凝集素 MSL - 1 和 MSL - 2。MSL - 1 的相对分子质量为 25 000，MSL - 2 的相对分子质量为 82 000。MSL - 2 能结合多种糖，其中对乳糖的亲和力最强。MSL - 2 具有较强的热稳定性，在 pH 为 4～11 时具有凝集活性，最适 pH 为 6～8。

5. 超氧化物歧化酶

超氧化物歧化酶（SOD）能够清除超氧阴离子自由基，在防御氧自由基的毒性、抗辐射损伤以及预防衰老等方面起着重要作用。唐云明（1998）从泥鳅鲜肉内分离纯化得到铁超氧化物歧化酶（Fe - SOD），该酶亚基由 155 个氨基酸残基组成，末端氨基酸为丙氨酸，相对分子质量约为 36 500。刘煜等（1999）研究发现，泥鳅体表黏液中存在超氧化物歧化酶，且为同工酶。该酶在 pH5 和 pH13 时丧失催化活性，较耐碱性条件而不耐酸性；经高温处理，有较好的热稳定性。

6. 透明质酸

透明质酸是一种酸性黏多糖，具有多种重要的生理功能，如润滑关节，调节血管壁的通透性，调节蛋白质、水电解质扩散及运转，促进创伤愈合等。尤为重要的是，透明质酸具有特殊的保水作用，是目前发现的自然界中保湿性最好的物质，被称为理想的天然保湿因子（NMF），广泛应用于化妆品中。孙智华等（2001）以泥鳅黏液组织为原料，用酶解法制备出透明质酸，收率为 1.96%。由于我国泥鳅资源极为丰富，故以泥鳅为原料制备透明质酸对于大规模生产、降低成本具有一定的意义。

（四）泥鳅方便食品的开发

目前我国开发的泥鳅方便食品主要有泥鳅罐头、即食泥鳅干等，由于其风味独特，食用方便，安全卫生，符合休闲食品的消费趋势，因而具有广阔的市场前景。

迄今的研究主要集中在加工工艺方面。泥鳅罐头的加工工艺一般为：泥鳅→预处理→去头、去内脏→清洗→晾干→切分→油炸→炒制→装袋→真空封口→杀菌→冷却→检验→成品。即食泥鳅干的加工工艺一般为：原料处理→腌渍→漂洗→蒸煮→烘干→称重→过蒸→加调味液→烘烤→加调味酒→腌蒸→检验→装袋→封口→成品储藏。

二、泥鳅深加工发展展望

姚东瑞等（2010）认为，泥鳅养殖规模的扩大、产量的提高已为加工业的兴起奠定了必要的基础，国际市场的剧烈波动更是要求开发新产品、开辟新市场来规避风险。同时，生活节奏的加快、保健意识的增强也使得消费者对于泥鳅产品提出了更高的要求。泥鳅产业急需发展加工业来完善产业链。泥鳅加工业可从以下几方面发展：①建立以泥鳅为主题的连锁经营餐饮企业，将泥鳅菜肴的加工过程标准化；②结合速冻、膨化等现代食品加工工艺，开发泥鳅系列方便食品，并在工艺研究的基础上，提升其品质；③对泥鳅加工中产生的下脚料进行综合利用，如开发鱼油、骨粉等副产物；④充分发掘泥鳅活性成分，开发泥鳅保健产品，如开发冻干粉、口服液等保健产品。

第四节　泥鳅的养殖效益和前景

根据凌去非等（2014）、黄华（2013）和罗文华（2013）的研究，结合目前我国泥鳅养殖投入产出现状，本节简要地介绍泥鳅养殖的效益和前景，供读者朋友参考。

一、泥鳅养殖效益分析

泥鳅的适应能力较强，各种淡水水域均能养殖，池塘、稻田、网箱等方式均可养殖。养殖户需要根据自身的养殖条件、模式和技术来决定养殖的经济效益。

现以 667 米^2 池塘养殖泥鳅为例，将经济效益粗略地计算、分析如下。

（1）**水面年租金**　1 000 元。

（2）**种苗购置费**　投放规格为 200 尾/千克的鳅苗 500 千克，以每千克鳅苗 30 元计算，计 15 000 元。

（3）**饲料费**　经过 5 个月的饲养，鳅苗可长成平均 50 尾/千克的商品泥鳅，成活率按 85％计算，可生产商品鳅 1 700 千克；饲料系数按 3 计算，需要投入饲料（购买配合饲料）5 100 千克，按每 1 000 千克配合饲料 4 000 元计算，饲料费为 20 400 元。

（4）**其他支出**　池塘改造费、设备折旧费、药物费、水电费及人员工资等，计 4 600 元。

（5）**销售收入**　按每千克商品泥鳅销售价格 30 元计算，销售收入为：1 700 千克×30 元/千克＝51 000 元。

（6）**利润**　51 000 元－（1 000＋15 000＋20 400＋4 600）元＝10 000 元。

以上是每 667 米^2 水面泥鳅养殖效益最保守的估算，如果以养殖池中的水草、腐殖物、水生植物、浮游生物，加上米糠、麦麸、豆渣等作为饲料，或者人工养殖蚯蚓、蝇蛆作为饲料，可大大降低饲料成本，利润会更高。此外，池塘中采用立体养殖技术，可以混养鲢、鳙、虾、蟹等水产动物，充分利用水面，也可增加养殖利润。

二、泥鳅养殖的市场前景

据市场调查，从 2000 年至今，泥鳅市场已连续十几年稳步增长。市场需求拉动市场价格连年攀升。2000 年，全国市场泥鳅批发均价为 7～9 元/千克；2013 年，上涨至 30～40 元/千克。国际市场对我国泥鳅的需求量也逐年攀升，订单连年增加，尤其是日本和韩国的需求量较大。连云港口岸仅 2011 年 4 月就出口泥鳅 1 023 吨，货值 382 万美元。

从养殖角度来看，泥鳅病害相对较少，人工繁殖技术已较为成熟，运输方便，而且泥鳅能用皮肤和肠呼吸，耐低氧，食性杂，动植物饲料都能吃，饲料来源广。因此，养殖泥鳅难度不大，容易成功。

实践表明，养殖泥鳅成本低，市场价格高，经济效益显著。因此，养殖泥鳅具有广阔的市场前景。

第二章 泥鳅的基本生物学特点

第一节 泥鳅的种类及其形态学特征

一、泥鳅的种类

泥鳅隶属鲤形目、鳅科、花鳅亚科。鳅科（Cobitidae）鱼类体长，侧扁或圆筒形；口下位，须3～6对，咽齿1行，齿数较多无咽磨。上颌口缘仅由前颌骨组成；体被细鳞、部分被鳞或裸露无鳞；眼下刺存在或缺如；鳔的前端被包在脊椎骨特化了的骨质囊内，后端退化或甚小。鳅科鱼类现知有26属约165种，分为条鳅、沙鳅和花鳅3个亚科，其中，花鳅亚科鱼类为小型底栖鱼类，现知15个属约40种。

花鳅亚科鱼类躯体和头部被细鳞或裸露，颅顶骨具囟门，无前腭骨，中筛骨、梨骨及侧筛骨不与腭骨及眶蝶骨相固结。骨囊系第四脊椎骨横突、腹肋及悬器构成，眶前骨发达，已骨化，后翼骨有一大孔。颏叶发达，中央有1纵沟隔成左右两叶，外缘成须状或锯齿状。吻须3或5对，其中吻须2对排成一行，口角须1对，颏须2对或缺如。尾鳍内凹、圆形或截形。臀鳍分支鳍条5枚。侧线完全、不完全或缺如。

我国的鳅科鱼多为花鳅亚科，有6属13种，主要有花鳅属（Cobitis）、泥鳅属（Misgurnus）、副泥鳅属（Paramisgurnus）。泥鳅属共有3种鱼类：北方泥鳅（M. bipartius）、黑龙江泥鳅（M. mohoity）和泥鳅（M. anguillicaudatus）；副泥鳅属仅有大鳞副泥鳅（P. dabryanus）一个种。泥鳅属的泥鳅（彩图1）和副泥鳅属的大鳞副泥鳅（彩图2）因营养价值高、药用价值好和生长特性优，已被人们作为特种经济鱼类进行饲养。

二、泥鳅的地理分布

鳅科鱼类分布广泛，我国又是鳅科鱼类资源最丰富的国家之一。除青藏高原外，我国北至辽河、南至澜沧江的东部地区的河川、湖泊、沟渠、稻田、池塘、水库等各种淡水水域均有泥鳅的自然分布，尤其是长江流域和珠江流域的中下游地区，鳅科鱼类资源量较大。

泥鳅属的北方泥鳅主要分布于黄河以北的内蒙古、黑龙江及辽河上游地区；黑龙江泥鳅仅分布在黑龙江水系；泥鳅除西部高原外，我国自南至北均有分布。我国境内副泥鳅属的大鳞副泥鳅，俗称"大板鳅""板鳅""黄板鳅""大泥鳅""红泥鳅"等，属温水性鱼类，主要分布于长江、嘉陵江和岷江水系、浙江省和台湾省、辽宁省辽河中下游、黄河、黑龙江等水域。

泥鳅（*M. anguillicaudatus*）与大鳞副泥鳅（*P. dabryanus*）形态相近、生活习性相似，在渔获物中也常混杂于一起，生活中人们习惯把泥鳅与大鳞副泥鳅统称为"泥鳅"，以下如无特殊说明，文中提到的泥鳅均为这两个种的混称。

三、泥鳅的形态学特征

泥鳅（*M. anguillicaudatus*）身体细长，前端较圆，后端侧扁，腹部较圆，体表被鳞埋于皮下，侧线完全但不明显，侧线鳞150左右。其头较尖，止于鳃孔，最前端是吻，吻向前突出，吻长小于眼后头长。口小，位于吻下，内有咽齿1行，13/13；唇软，有细皱纹和小突起。口周围有5对口须其中1对吻须，2对上颌须，2对下颌须；口须长短不一，最长可到或超过眼后缘，短者仅至前鳃盖骨；泥鳅口须和唇上味蕾丰富，感觉灵敏，能协助其觅食。泥鳅的眼较小，侧上位，有雾状皮膜覆盖，因而视力弱，只能看见前上方的物体，对躲避敌害有利。头两侧有1对鳃孔，鳃孔内有鳃，是泥鳅的主要呼吸器官。鳃孔小，鳃裂至胸鳍基部，鳃完全但鳃耙不发达，呈细粒状。泥鳅头部无鳞，体表被鳞，鳞小埋于皮下，体表黏液较多故而黏滑。鼻小，位于眼前方，有嗅觉功能。

泥鳅鳃孔至肛门是躯干部，躯干腹腔内有心脏、肾脏、脾脏、肝胰脏、鳔、胃、肠及生殖腺等内脏器官。胃壁厚，内有螺旋状突起；肠短，成直线状，壁薄而有弹性，鳔小成双球形，位于体腔最前端的背方，不易被发现。脊椎骨42～47根。躯干生长有胸鳍、背鳍、腹鳍及臀鳍；泥鳅胸鳍不大，位于鳃孔后下，雌雄异形，是区分雌雄的重要形态学指标，雄性较窄呈长尖形，雌性胸鳍较短，其前端短而圆，呈扇形（彩图3）。雌鳅腹部圆大柔软，有光泽，雌鳅个体明显大于雄鳅，成熟时，腹部膨大、饱满，有透明感，生殖孔开放。静止时鳍条展开在一个平面上：雄鳅胸鳍窄而长，前缘尖端部分向上翘起，最明显的区别特征是雄性胸鳍第一、第二鳍条较粗大，平直且最长，其后的鳍条依次逐渐缩短；雌性背鳍无硬刺。背鳍位于中央背部，有9枚鳍条，其中前两枚较硬且不分支，后7枚柔软有分支；腹鳍较小，位于体中后部，与背鳍相对，起点较胸鳍稍靠体后；臀鳍在体后，有7～8枚鳍条，前两枚硬而不分支，其余柔软、分支；躯干部以后是尾部，肛门接近尾鳍，尾鳍圆形可协助泥鳅运动。

泥鳅体背部及体侧2/3以上部分为灰黑色或棕黄色分布不规则的深色斑点，体侧下半部及腹部灰白色或淡黄色。胸鳍、腹鳍、尾鳍灰白色，尾鳍及背鳍具有黑色小斑点，尾鳍基部上方有明显的黑色斑点。不同环境中生长的泥鳅体色有所不同，有时同一环境生活的泥鳅，体色也有很大的差异。泥鳅从吻端至尾鳍末端的距离是全长；全长去掉尾鳍长度是体长；臀鳍末端至尾鳍初始端距离为尾柄长，尾柄最窄处的长度是尾柄高（图2-1）。

大鳞副泥鳅（*P. dabryanus*），隶属于鲤形目、鳅科、花鳅亚科、副泥鳅属，大鳞副泥鳅体形酷似泥鳅，别称泥鳅，头较小，有鳞，头长小于体高，口亚下位，呈马蹄形；须5对，最长1对颌须末端达到或超过鳃盖骨中部，鳃孔小。口下唇中央有一小缺口，鼻孔靠近眼，眼侧上位，被皮膜覆盖，无眼下刺。体长为体高的

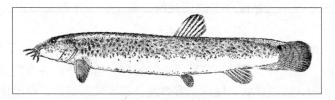

图 2-1 泥鳅模式图

5.3～6 倍，为头长的 5.8～6.8 倍。吻长远小于眼后头长，头长为吻长的 2～2.5 倍，尾柄长为尾柄高的 0.9～1.2 倍。体中等长，前部圆柱形，后部侧扁。大鳞副泥鳅体表被鳞明显，鳞片较泥鳅体鳞为大，埋于皮下，体近圆筒形，侧线完全侧线鳞不超过 130。体腹面白色，背部及体侧上半部灰褐色。体侧具有许多不规则的黑色褐色斑点。背鳍、尾鳍具黑色小点，其他各鳍灰白色。尾柄长、高约相等，尾柄处皮褶棱发达，与尾鳍相连，尾鳍圆形。肛门近臀鳍起点（图 2-2）。

图 2-2 大鳞副泥鳅模式图

泥鳅和大鳞副泥鳅快速区分技巧如下：①大鳞副泥鳅体色呈暗红、暗黄色，俗称红泥鳅，但环境条件对其体色影响也较大。②大鳞副泥鳅的口角须较长，远远超过眼后缘，接近或超过前鳃盖骨后缘；泥鳅的口须较短，末端后伸仅达或稍超过眼后缘。③大鳞副泥鳅背部鳍条只有 7 枚，比泥鳅少 2 枚。④大鳞副泥鳅的黑色斑更细小，散布比泥鳅密集。⑤大鳞副泥鳅鳞片较泥鳅大，个体也较泥鳅稍大。⑥大鳞副泥鳅侧线鳞 130 以下；泥鳅侧线鳞 140 以上。⑦大鳞副泥鳅尾鳍基后无黑斑点；泥鳅尾鳍基后上侧有一黑斑。⑧大鳞副泥鳅鱼体较粗短，尾柄皮褶棱特别发达与尾鳍相连，尾端比普通泥鳅隆起较为明显；泥鳅身体细长，尾柄皮褶棱不甚发达。⑨大鳞副泥鳅尾柄长与高相似，尾柄长是尾柄高的 1.1～1.2 倍，泥鳅尾柄长是尾柄高的 1.3～1.8 倍。

第二节　泥鳅的生活习性

一、泥鳅的栖息环境

泥鳅是小型鱼类，生命力极强，繁殖力高，在湖泊、池塘、稻田等水域中均可生存，因为具有鳃呼吸、肠呼吸和皮肤呼吸等多种呼吸方式，故可生活在溶氧量很低的水或淤泥中。泥鳅食性广杂，但眼睛退化，靠 5 对触须寻觅食物，喜夜晚出来觅食，凡水中和泥中的动物、植物、微生物及有机碎屑等均是它的良好饲料。泥鳅喜在浅水底层活动。

（一）pH

泥鳅有很强的环境适应力，常栖息于软泥较多的溪河、湖泊、池塘、稻田等浅水水域的底层淤泥中，尤其喜欢在中性或弱酸性（pH 为 6.5～7.2）的水体中生活。

（二）温度

泥鳅适宜的生活水温为 10～30℃，最适宜的水温为 22～28℃，此温度范围内生长最快。若水温低于 5～6℃，则潜入淤泥中冬眠，等翌年温度上升至 5℃以上，开始出穴活动；水温高于 30～34℃，则钻入淤泥或水草中休息。

（三）溶氧量

泥鳅属底栖鱼类，正常情况下耗氧量在 200 毫克/（克·小时）左右，其耗氧率在饥饿状态下呈下降趋势，有上浮吸气的习性，耐低氧，正常池塘水环境均能满足其氧需求，甚至在溶氧量 0.16 毫克/升的条件也可以存活。

（四）光线

自然条件下，泥鳅白天大多潜伏，傍晚到半夜才出来觅食。试验表明，泥鳅具有显著的趋暗避光习性，在明亮、黑暗两种处理区中的自然分布百分比分别为 6.67％和 93.33％。

二、泥鳅的摄食与生长

（一）泥鳅的摄食特性

通常将大鳞副泥鳅与泥鳅混称为泥鳅，它们均属典型的杂食性鱼类，几乎无所不食。凡水体中的动植物及有机碎屑，不论水蚤、轮虫、桡足类等浮游动物以及摇蚊幼虫、丝蚯蚓等底栖动物，还是藻类、水生植物的嫩芽、种子等，均是泥鳅的天然饵料。人工饵料有蚯蚓、蚕蛹、禽畜下脚料、鱼粉、麦麸、米糠、豆饼、花生饼、豆渣、酒糟等。泥鳅最贪食动物性饵料，且喜爱吃鱼卵，亲鳅产完卵后，如不及时取走，往往会把自己产的卵吃掉。

泥鳅觅食主要靠口须来完成，它的 5 对触须既是食物"探测器"帮助寻找食物，又是"过滤器"帮助分拣食物：选择适口的送入口中，不适口的弃掉。泥鳅口下位，利于取食水底食物，它总是边吃边寻找，一路寻寻觅觅，走走停停，直至把肚子填满。

泥鳅是偏动物食性的杂食性鱼类，环境中食物的易得性及喜好性是影响泥鳅食物组成的重要原因；不同生长阶段的泥鳅食物组成也不完全一样。5 厘米以下幼鱼阶段以摄食原生动物、轮虫、水蚤等动物性饵料为主；长至 5～8 厘米时，由摄取动物性饵料转变为杂食，如摇蚊幼虫、丝蚯蚓、丝状藻、植物碎片种子等；长至成鱼时其食物中植物性饵料较多，如水生植物种子、嫩芽、藻类以及淤泥中的腐殖质等。

泥鳅为变温动物，故新陈代谢和摄食受水温的影响很大。水温 10～30℃为摄食的适宜温度；高于 10℃泥鳅开始觅食；水温高于 15℃，食量大增；泥鳅在最适生长温度 22～28℃时的摄食最旺盛。

　　泥鳅自然群体摄食以夜间为主，白天大多潜伏在水底，如果环境安静，有时白天也出来活动；人工养殖条件下，泥鳅通过驯化，白天投喂也是完全可以的。驯化后的泥鳅，一天中有两次摄食高峰：07：00—10：00 和 16：00—18：00（图 2 - 3），其摄食低潮在 05：00 左右。人工饲养条件下不同阶段的投饲情况也不相同。

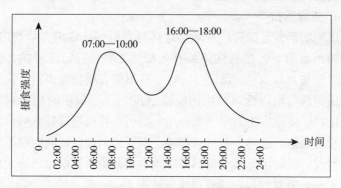

图 2 - 3　泥鳅经驯食后一天中的两次摄食高峰

1. 鳅苗（初期仔鱼）的投喂

　　鳅苗孵出第 3 天，卵黄囊全部消失，进入摄食阶段。此时，应投喂一些代用饵料，如蛋黄、豆浆等。如每 100 万尾鳅苗投喂 1 个蛋黄，或每 100 万尾鳅苗投喂 100～150 克豆浆（以豆的湿重计算）。另外，可投喂一些浮游生物，如轮虫等，投喂时应使轮虫的密度达到每毫升水中 5 个以上。刚孵出的鳅苗经过 3～5 天即可进入池塘培育，此时也可以投喂水蚯蚓浆。

2. 鳅苗（后期仔鱼）的投喂

　　鳅苗下塘前一周，每 667 米^2 水面用鸡粪或猪粪 150～200 千克进行发塘。下塘后，每天泼洒 3～4 次豆浆（每 100 米^2 水面需干黄豆 0.5～0.75 千克），以培育轮虫、水蚤等供泥鳅食用。

3. 鳅种的投喂

　　经过 20 天左右的培育，鳅苗长到 2～3 厘米，进入鳅种培育阶段。除应在投喂时增加天然饵料外，还要投喂人工饵料，如蚯蚓浆、猪血、麦麸、豆腐渣、黄豆饼、孑孓幼虫等。投喂时应将麦麸、豆饼、小杂鱼（需绞碎）、血粉等加入少量面粉混合，制成颗粒料，其中动物性成分与植物性成分之比为 5：3。饵料投喂初期可煮熟搅拌，随着泥鳅生长，可逐渐改成生拌。随着水温升高，应适时增加投喂量。经过 1 个月左右的饲养，泥鳅体长可达 4～5 厘米，此时可转入成鳅培育阶段。

4. 成鳅的投喂

成鳅的饵料来源较广。动物性饵料有蚯蚓、螺肉、动物内脏、蚕蛹粉、血粉等；植物性饵料有米糠、麦麸、豆渣、饼粕、黄豆粉、玉米粉、熟山芋、蔬菜茎叶等。成鳅偏食植物性饵料，投喂时动物性饵料与植物性饵料比例应控制在 2：3。投喂时应定点、定时、定料、定量，不需要煮熟，用专门的颗粒机制成颗粒料。池塘中有食台最好，这样能在很大程度上降低饲料浪费，同时便于观察采食情况，及时清除残余饵料以降低水质污染。目前也已开发出泥鳅专用配合颗粒饲料，其营养成分见表 2-1。

表 2-1　泥鳅系列配合颗粒饲料

产品名称	适用泥鳅规格（克/尾）	粗蛋白质（%）	粗纤维（%）	粗灰分（%）	钙（%）	总磷（%）	食盐（%）	赖氨酸（%）	适用环模孔径（毫米）
泥鳅配合饲料（幼泥鳅料）	≤5	≥35.0	≤8.0	≤15.0	0.5～2.0	≥1.0	0.3～1.5	≥1.8	1.5
泥鳅配合饲料（中泥鳅料）	5～15	33.0	≤9.0	≤15.0	0.5～2.0	≥0.9	0.3～1.5	≥1.7	2.0
泥鳅配合饲料（成泥鳅料）	≥15	≥30	≤9.0	≤15.0	0.5～2.0	≥0.9	0.3～1.5	≥1.6	3.0

（二）泥鳅的生长

泥鳅的生长速度与所栖息水域的温度、饵料数量以及质量有很大关系。泥鳅在天然条件下生长较为缓慢，刚孵出的仔鳅全长3～4毫米，经1个月的生长体长可达3厘米；半年后可长到6厘米以上，体重3～5克；1年内体长可达8～10厘米，体重6～8克；2年内可生长至10～12厘米，体重10～15克。最大个体雌鳅体长达21厘米，体重为100克；雄鳅体长达17厘米，体重50克。人工饲养条件下，泥鳅有充足的营养，生长速度会加快，一般1龄个体可达8～10克，2龄个体就可达25～30克的商品泥鳅规格。泥鳅2龄时达到性成熟，其后生长速度自然减慢，因此，商品成鳅养殖周期以1～2年为宜。

三、泥鳅的呼吸

泥鳅与大多数鱼类一样，主要是以鳃进行呼吸，同时还可以利用皮肤呼吸和肠呼吸来作为辅助呼吸，从水中获得所需氧气，同时将产生的二氧化碳排出体外。泥鳅从外界吸收足够的氧气使营养物质进行氧化作用，从而释放能量满足生命活动需要。

（一）泥鳅的主要呼吸器官

鳃是泥鳅的主要呼吸器官。泥鳅具有2对呼吸瓣，第1对是附在上、下腭的内缘，称为口腔瓣，可以防止吸入口中的水逆流出口外；第2对是附着在鳃盖后缘的鳃盖膜，称为鳃盖瓣，作用是防止水从鳃倒流进入鳃腔。当泥鳅张开口时，口腔瓣膜倒向内侧，口腔向外扩张，水流入，此时鳃盖也打开，鳃盖膜在外部水的压力下，靠近鳃孔，将鳃孔紧紧关闭，扩张的鳃腔内压比口腔压力低，水渐渐从口腔流过鳃区，在此进行气体交换。然后张开的口随即关闭，口腔瓣直立，口腔内压增高，此时水急速流过鳃区，与此同时，鳃盖向内侧移动，鳃盖膜被水流冲开，水即可以从外鳃盖流出。泥鳅鳃的扫描电镜观察结果见图2-4。

（二）泥鳅的辅助呼吸器官

泥鳅的辅助呼吸器官主要有皮肤和肠。

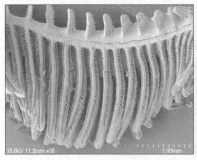

图 2-4 泥鳅鳃的扫描电镜观察

(郝小凤，2013)

1. 皮肤

泥鳅在离开水时，利用其潮湿的皮肤呼吸，血液透过皮肤，直接从空气中进行气体交换。因此泥鳅可以离开水域生活相当长的时间，有时会在夜间从水池中上浮，游到池边，经过潮湿草地，移居至其他水体。

2. 肠

泥鳅对缺氧的耐受力很强，离水不易死亡，当水体中溶氧量低于 0.16 毫克/升时仍能存活，这是因为泥鳅不仅能用鳃呼吸，还能利用皮肤和肠进行呼吸。泥鳅肠壁很薄，具有丰富的血管网，能够进行气体交换，具辅助呼吸功能，所以又称为肠呼吸。肠呼吸是泥鳅特有的呼吸方式。当天气闷热或池底淤泥、腐殖质等物质腐烂，引起严重缺氧时，泥鳅也能跃出水面，或垂直上升到水面，用口直接吞入空气，由肠壁辅助呼吸，当它转头缓缓下潜时，废气则由肛门排出。每逢此时，整个水体中的泥鳅都上升至水面吸气，此起彼伏，故泥鳅有"气候鱼"之称。在人工养殖时，投饵摄食后泥鳅肠呼吸的次数会增加，此时泥鳅所需氧量的 1/3 是由肠呼吸取得的。寒冷的冬季，水体干涸，泥鳅便钻入泥土中，依靠少量水分使皮肤不致干燥，主要靠肠呼吸维持生命。泥鳅忍耐低溶氧量的能力远远高于一般鱼类，故离水后存活时间较长。在干燥的桶里，全长4～

5 厘米的泥鳅幼鱼能存活 1 小时，而全长 12 厘米的成鱼可存活 6 小时，将它们放回水中仍能正常活动。

四、泥鳅的繁殖习性

（一）泥鳅的性腺发育

鱼类的原始性腺与多数动物一样都是由原始生殖细胞（primordial germ cells，PGC）和原生殖嵴共同构成的，生殖嵴一般由位于背肠系膜两侧的体壁中胚层细胞特化而来，将 PGC 包围形成原始性腺。有学者采用石蜡显微切片技术对幼体性腺发生和分化的组织学特征进行了系统观察，发现泥鳅性腺发生于受精后 16 天。

12 日龄的泥鳅，体长 11 毫米，在肾管下方两侧观察到 1 对生殖腺出现，原始生殖细胞迁入其中，圆形，核大透亮，其胞径为 23.3 微米，核径 13.3 微米。此时生殖嵴和迁入其中的原始生殖细胞共同组成了未分化的性腺。40 日龄泥鳅体长 18 毫米，向中间靠拢的生殖嵴中出现较大的裂隙，腹膜壁上的细胞延伸和生殖嵴的边缘融合形成卵巢腔的雏形，原始生殖细胞胞径约 29.6 微米，核径约 19.6 微米。此时性腺有向卵巢分化的趋势。55 日龄泥鳅体长 50 毫米，居于体腔两侧的生殖腺柄部出现了小的裂隙，此结构将来发育为输精管，即该性腺向精巢方向分化。55 日龄的泥鳅，体长 54 毫米，卵巢分化完全，卵巢腔显著增大，卵原细胞胞径 5.6 微米，核径 3.4 微米，松散排列在卵巢腔内，其周围还有许多体细胞分布。100 日龄的泥鳅，体长 92 毫米，光镜下观察到精小囊中有精原细胞出现，呈圆形或近圆形，直径 6.2 微米。

泥鳅早期性腺形状两性不同：将要发育为卵巢的原始性腺表现为体积快速增大，横截面变宽，向体腔中间靠拢，最终在肠道背部愈合，因此成体雌性仅具一个卵巢；而将要发育为精巢的原始性腺则呈两端尖中间稍突的梭形，增生并不明显，分布于体腔两侧。泥鳅卵巢分化早于精巢，于 40 日龄卵巢开始分化，至 55 日龄卵巢分化完全；精巢于受精后 55 天左右开始分化，100 天左右分化完全。

(二)泥鳅的繁殖周期

泥鳅雌雄异体,行体外受精,其怀卵量与个体大小显著相关,一般体长 8 厘米的雌鱼怀卵量约为 2 000 粒,体长 10 厘米的怀卵量 7 000 粒,体长 20 厘米的怀卵量可达 24 000 余粒。泥鳅经过 2 个冬天即可达到性成熟,每年 4 月当水温达到 18~20℃时,性成熟的泥鳅便开始自然繁殖。性成熟雌鳅个体大,胸鳍宽短,末端钝圆,腹部明显突出,身体呈圆柱形,生殖孔外翻呈红色;雄鳅个体相对小,胸鳍狭长,呈镰刀形,末端尖而上翘。雌雄泥鳅的鉴别可根据外形特征进行(表 2-2)。

表 2-2　泥鳅雌雄性别鉴别的外部特征

部位	雌鳅	雄鳅
个体大小	较大	较小
腹部	产前明显膨大	不膨大,较扁平
胸鳍	短圆近扇形,第二鳍条基部无骨质薄片	长尖似刀形,第二鳍条基部有骨质薄片,鳍条上有追星
背鳍	正常	末端两侧有肉瘤
背鳍下方体侧	无纵隆起	有纵隆起
腹鳍上方体侧	产后有一白色产卵斑	无白色圆斑

性成熟亲鳅可在 4—10 月多次产卵,以 5—7 月为最盛,适宜水温为 25~26℃。自然条件下多选择水深 30 厘米的沟渠、水田、湖泊或有水草的浅滩作为产卵场所,产卵时间多见于雨后夜间或凌晨。产卵时雄鳅紧紧卷住雌鳅,压着雌鳅腹部使卵向体外排出(彩图 4),与此同时雄鱼排出精子进行体外受精。产卵后的雌鳅腹鳍后方体侧会留下一个近似圆形的白斑(产卵斑)。

泥鳅卵呈淡黄色,圆形,有黏性,但黏着力不强,易从附着物上脱落。孵化适宜水温为 20~28℃,最适温度为 25℃。水温 24~25℃时,30~35 小时孵出鳅苗;水温 20℃左右时,3~4 天可孵出鳅苗。孵出的仔鱼,常分散生活,并不结成群体。

第三章　泥鳅高效养殖技术

第一节　泥鳅人工繁殖技术

长期以来，泥鳅养殖所需的苗种主要依赖捕捞野生苗种，且野生苗种的市场价格增长幅度超过了商品泥鳅市场价格的增长幅度，放养野生苗种的泥鳅养殖效益越来越低，而少数放养人工繁育苗种的养殖户却因为人工苗种优良生产性状（生长速度快、饵料系数低）取得了较高的经济效益，因此，人工繁育的泥鳅苗种越来越受到广大养殖户的欢迎，且供不应求。目前，各地纷纷开展泥鳅的规模化人工繁殖技术创新与示范推广，并取得了显著的成效。

一、繁殖场的选址

泥鳅繁殖场的选择直接关系到苗种质量和经济效益。选择时要考虑到水源、土质、运输、销售等各方面的具体情况，综合分析各方利弊后再决定繁殖场的场址。场址的选择主要考虑以下方面。

(一) 地理条件

泥鳅繁殖场最好建在泥鳅主养区，以利于苗种近距离销售，并确保销路顺畅。远离工业区，周围无污染源、无噪声。

(二) 自然条件

1. 水源

水源充足，水质无污染，水质指标达到《无公害食品　淡水养殖用水水质》（NY 5051）的要求。水源以含有丰富浮游生物的河流、水库、湖泊水为好，地下水应经过沉淀、充分曝气方可使用。

2. 土壤

土壤以壤土或黏性土为好。沙质土壤保水性差，不利于培肥水质。土壤中要不含有毒有害物质，避免在工业垃圾填埋地建场。

3. 交通

交通便利，便于装载饲料等生产物资的运输车辆通行。

4. 环境安静，有害动物较少

泥鳅喜欢安静的环境，其更利于泥鳅生长。泥鳅的敌害主要有蛇、水鸟、老鼠等。在泥鳅苗种培育阶段，蜻蜓幼虫、蝌蚪等水生敌害也会对苗种造成很大的伤害。泥鳅繁殖场应建立防护设施，尽量减少这些有害动物的危害。

（三）人文条件

民风淳朴，百姓安居乐业，没有偷盗行为发生。

二、泥鳅人工繁殖的设施准备

（一）产卵池

泥鳅产卵池（图 3-1）的条件低于"四大家鱼"产卵池的要求，一般 10～15 米² 的长方形水泥池即可。水泥池一般为砖混结构，池底由四周向中央倾斜，一般中心出水口较四周低 10～15 厘米，池深 80～100 厘米，池底中心设圆形出水口一个，上盖拦鱼栅。泥鳅卵从出水口进入排水管道，再引入集卵池。集卵池一般为 1 米×1.5 米的长方形水泥池，其底低于产卵池 25～30 厘米。集卵池上面设溢水口 1 个，底部设排水口 1 个。集卵池壁上设阶梯 2～3 个，便于操作人员上或下。如不设置集卵池，则在产卵池里设置一个用网目①尺寸为 0.25 毫米的筛绢布制作的网箱，网箱底部铺

---

① 筛网有多种形式、多种材料和多种形状的网眼。网目是正方形网眼筛网规格的度量，一般是每 2.54 厘米中有多少个网眼，名称有目（英国）、号（美国）等，且各国标准也不一，为非法定计量单位。孔径大小与网材有关，不同材料的筛网，相同目数网眼孔径大小有差别。——编者注

图 3-1　泥鳅产卵池

在产卵池底部。

(二) 产卵箱

由于泥鳅有吃卵的习惯，因此产卵时泥鳅应与卵分离。泥鳅产卵箱一般为 2 米×3 米×1 米，具体大小应根据产卵池大小而定（图 3-2）。产卵箱的网目尺寸一般为 0.85 毫米，以泥鳅不易逃出，卵易漏出为准，网布以柔软的筛绢布为佳。

(三) 孵化桶、孵化箱、孵化床

泥鳅孵化桶与“四大家鱼”孵化桶相同，一般用玻璃钢制成，可容纳 200～400 千克水，每 100 千克水可容纳 40 万粒卵。孵化桶由缸体、缸罩、排水槽、支架、进水管组成。孵化缸由缸底进水，水流自下往上流动，最后从缸罩的筛绢网溢出，经排水槽上的排水管排出。

图 3-2 泥鳅产卵箱

孵化箱一般用网目尺寸为 0.25 毫米的筛绢布制成，面积为 5～10 米²，深 1 米。主要用于天然水体中孵化泥鳅受精卵。

孵化床一般用网目尺寸为 0.25 毫米的筛绢布制作，四周用木架或铁架固定，面积 3～5 米²。主要用于育苗池静水孵化泥鳅受精卵。

（四）人工催产操作台

人工催产操作台由桌面及桌腿组成。桌面为长方形，最好由不锈钢板制成，面积为5～6米²，在长方形的桌面两端各留一个直径10～15厘米的圆孔，便于分拣亲本；桌腿及桌面框由角钢焊成，桌高80厘米（图3-3）。催产床主要用于挑选亲本及注射催产针。

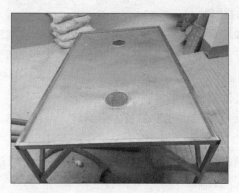

图3-3　泥鳅人工催产操作台

三、亲本培育与亲本选择

（一）亲本购进

1. 亲本选择

（1）**品种要求**　目前，泥鳅养殖的主要对象为泥鳅和大鳞副泥鳅，选择亲鳅最好选择性状明显的泥鳅或大鳞副泥鳅，不要选择它们的杂交后代作为亲本（彩图5）。当然，由于地理位置不同，同一品种，也因为长期的地理隔离，生长性能有所差异。人工繁育时，同一个品种中，选择生长较快的地理种群繁育后代，可以获得更好的养殖效果。

（2）**性成熟年龄和体重**　选择2～3冬龄的成鳅作为亲鳅，要求体质健壮，行动活泼，无病、无伤。在已达性成熟年龄的前提下，体重越重越好。

（3）**来源** 最好雌雄亲本来源于不同的地方，避免亲鳅近亲交配。亲本的来源主要有 3 个途径：①从天然水域中捕获；②从其他泥鳅养殖场购进；③自己的泥鳅养殖场自行培育。最经济实惠的办法是用自行培育的雌鳅或雄鳅，再购买其他养殖场的雄鳅或雌鳅与之相配。

2. 亲本的放养

（1）**亲本培育池** 培育池位置要靠近水源，水质良好，注排水方便；环境开阔向阳；交通便利。亲鱼培育池、产卵池和孵化池位置应靠近。

亲本培育池具体要求如下。

面积：以 $100\sim500$ 米^2 的长方形为好，便于饲养与捕捞。

水深：$80\sim100$ 厘米为宜。

防打洞网：在池中离池岸 50 厘米用聚氯乙烯网片沿池塘四周围起，以防泥鳅打洞。

池底：池底平坦，淤泥 $10\sim20$ 厘米。

进、排水口：用 40 目的筛绢布过滤。

消毒：在亲鳅放养前用二氧化氯或生石灰清塘，7 天后即可放养亲鳅。

（2）**亲本消毒** 因泥鳅鳞片细小，皮肤很容易破损发生感染，亲本放养前用 0.3 毫克/升溴氯海因溶液浸浴 $10\sim20$ 分钟。

（3）**亲本放养** 雌雄亲鳅最好分开放养于不同池塘，放养密度一般为 25 尾/米^2 左右。也可以按雌、雄 1：2 的比例混养。

（二）亲本培育

亲鱼性腺发育良好，注射催产剂才能使其完成产卵、受精过程。因此，发育良好的性腺是内因，注射催产剂是外因。外因必须通过良好的内因才能起作用。如果在生产过程中忽视亲鱼培育，而片面强调注射催产剂的作用，势必会导致繁殖的失败。因此，亲本培育是泥鳅人工繁殖的首要关键技术，不可忽视。

1. 产后及秋季培育

生殖后无论是雌鱼还是雄鱼，其体力消耗都很大。因此，待生殖结束，亲鱼经消毒放养后，应立即给予充足和较好的营养补充，使其体力逐渐恢复。一般可以投喂豆饼、米糠等，投喂商品饲料蛋白质含量宜在 32% 左右，越冬前使亲鱼有较多的脂肪储存，这对性腺发育有好处。

2. 冬季培育和越冬管理

泥鳅在水温下降到 5℃ 时还可少量摄食，因此，冬季应根据水温适量投喂饵料，以维持亲鱼体质健壮，不落膘。冬季还应适当提高水位，使池水水位保持 1 米以上。

3. 春季及产前培育

开春后，随着水温不断上升，泥鳅结束越冬，逐渐恢复摄食生长。此时最好换去一部分池水，同时降低水位，使池水保持在 60～80 厘米，以提高培育池水温。亲鱼越冬后，体内积累的脂肪大部分转化到性腺，此时又是性腺迅速发育时期。这时亲本所需的食物，在数量上和质量上都超过其他季节，故此时是亲鱼培育的关键季节。养殖户可根据实际情况，因地制宜地选择营养全面、价廉物美的饲料，同时适量添加酵母粉和维生素。当水温在 15～17℃ 时，饲料中动物蛋白质占 10% 左右，植物蛋白质占 30% 左右；当水温增加到 20℃ 时，饲料中动物蛋白质占 20% 左右，植物蛋白质占 20% 左右。采用每天投喂 2 次，08:00 和 18:00 各 1 次，饲料投喂量以 1 小时吃完为宜。培育期间适当肥水，使水色呈黄绿色，并定期换水，保持水质肥、活、嫩、爽。在催产前 1 个月，每天冲水 1 小时，刺激泥鳅性腺发育。

四、大规模人工催产

(一) 催产前准备

1. 常用物品的准备

催产前必须准备的物品有：老虎钳 1 把，用于打开生理盐水瓶盖；5毫升的医用注射器若干（图3-4），5号注射针头5枚，主要用于配制催产剂；1毫升的一次性注射器500支（图3-5），用于给亲鳅注射催产剂或连续注射器2把（图3-6）；250毫升、1000毫升量筒各1个（图3-7），用于配制催产剂；250毫升、1000毫升量杯各1个（图3-8），用于存放催产剂；解剖剪、镊子各1把（图3-9），由于检查亲本性腺发育情况；毛巾30条，用于注射时包裹亲鳅；鱼桶（图3-10、图3-11）及塑料盆5只，用于存放亲鳅；捞海2个，用于捞亲鳅；0.9%的生理盐水若干，用于配制催产激素。

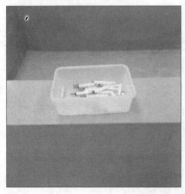

图3-4　5毫升注射器

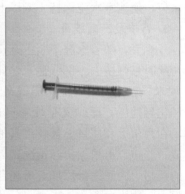

图3-5　1毫升注射器

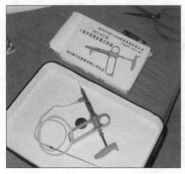

图3-6　连续注射器

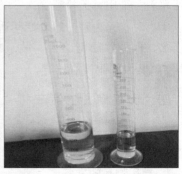

图3-7　250毫升和1000毫升量筒

图 3-8　250 毫升和 1 000 毫升量杯

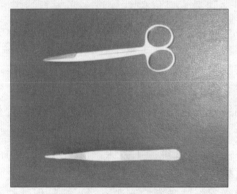

图 3-9　解剖剪和镊子

图 3-10　方形鱼桶

图 3-11　圆形鱼桶

2. 催产剂种类、功能及保存

目前用于泥鳅繁殖的催产剂主要有人绒毛膜促性腺激素（HCG）、促黄体素释放激素类似物（LRH－A）、地欧酮（DOM）等。

（1）人绒毛膜促性腺激素（HCG） 直接作用于性腺，具有诱导排卵的作用；同时也具有促进性腺发育，促进雌雄激素产生的作用。HCG是一种白色粉状物，市场上销售的鱼用HCG一般都封存在安瓿瓶中，以国际单位（IU）计量。HCG易吸湿而变质，因此需低温、干燥、避光保存。

（2）促黄体素释放激素类似物（LRH－A_2） 主要刺激脑垂体合成和释放促性腺激素，促使性腺进一步发育成熟，并能刺激排卵，还具有良好的催熟作用。LRH－A_2是一种人工合成的九肽激素，呈白色粉末状，由于分子量小，反复使用，不会产生抗药性，并且对温度的变化敏感性较低。由于它作用于脑垂体，由脑垂体根据自身性腺发育情况合成和释放适度的促性腺激素，然后作用于性腺。因此，不易造成难产等现象。LRH－A_2不仅价格比HCG便宜，操作简便，而且催产效果显著提高，亲鱼产后死亡率也显著下降。LRH－A_2也需要在低温、干燥、避光条件下保存。

（3）地欧酮（DOM） DOM是一种多巴胺抑制剂，可以抑制或消除促性腺激素释放激素抑制激素对下丘脑促性腺激素释放激素的影响，从而增强脑垂体促性腺激素的分泌，促进性腺的成熟发育。在生产上，DOM不单独使用，主要与LRH－A_2混合使用，以进一步增强其活性。

（二）催产季节

每年4—9月是泥鳅产卵的季节，其中5—7月是产卵盛期。产卵时，要求水温在18～30℃，其中24～28℃为最佳。

（三）亲本的选择与配组

1. 亲本的捕捞与运输

泥鳅亲本的捕捞一般用地笼捕捞。在培育池中设置地笼时，地笼的袋头以竹竿吊挂在水面以上，防止入笼泥鳅过多造成窒息死亡。另外，夏季水温高时，要每隔1小时倒一次地笼，以免入笼亲本太多，引起缺氧及死亡。亲本运输时，要做到带水运输，并在最短的时间内将亲本运到待产车间。

2. 亲鱼的选择与配组

从亲本培育池中捕捞出的亲本，并非都能用于催产，必须经过选择。选择的首要条件是性腺发育良好，且无病、无伤。

(1) 外观选择　雌鳅：腹部膨大、柔软略有弹性，生殖孔红润。雄鳅：用手轻挤生殖孔两侧，即有精液流出，入水即散。若流出的精液入水后呈细线状不散，说明还未完全成熟。两者的鉴别见表2-2。

(2) 亲鱼的配组　泥鳅雌、雄配比与个体大小有关。如果繁育场有足够多的雄鳅，可以适度提高雄鳅的配比比例，如雌：雄配比以1：（2～3）。但是如果繁育场雄鳅数量有限，雌：雄配比可以为1：1.2。宋学宏等（2001）进行泥鳅规模化人工繁殖试验时，发现雌：雄比为1：1.2有较高的受精率。

在繁殖季节，雄性泥鳅性成熟整体稍快于雌性泥鳅，随机对自然群体的繁殖群体的采样分析，发现在繁殖前期阶段一般雄鳅的占比大于雌鳅，繁殖后期阶段则是雌鳅占比大于雄鳅，因此，在人工繁殖亲鳅配比时，要防止一味地提高雄鳅的比例而导致人工繁殖后期雄鳅数量不足的局面。

（四）人工催产

1. 催产激素配制

一般每千克亲鳅用 DOM 4～5 毫克、LRH-A$_2$ 8～10 微克、HCG 300～400 国际单位或每尾雌鳅用 LRH-A$_2$ 3 微克、DOM 0.5 毫克，雄鱼减半。每尾雌鳅注射剂量 0.5 毫升，雄鳅 0.25 毫升。配置时，将所要催产亲鳅的催产药量计算出并取出放入量筒内，然后用 0.9% 的生理盐水溶解即可。催产时用注射器吸取催产激素，注射相应剂量。催产剂应随配随用。在高温季节，如已配好后暂不使用，须置于冰箱冷藏柜内保存。

2. 催产激素注射

人工催产亲鳅（彩图6）一般采用一针注射法，催产时间可以选择在下午或傍晚进行，泥鳅于翌日凌晨或上午发情产卵，有利于生产操作。

催产剂的注射，一般采用背鳍基部肌内注射，也可采用体腔注射。背鳍基部肌内注射时，先捞出亲鳅，用湿毛巾包住，露出背部，注射器与鱼体呈30°，针头朝向亲鳅头部方向，扎在背鳍基部的肌肉上，入针深度0.2厘米，再将药液慢慢推入。体腔注射的部位在腹鳍或胸鳍的基部，注射时将亲鳅体侧放，略抬起鳍条，从鳍基部由后向前插入针头，使注射器与鱼体呈30°，入针深度0.2厘米，再慢慢推入药液（彩图6）。注射时尽量不要让鳍条盖住针头，以便观察药液的注入情况，如未注射成功，应换另一鳍注射。为防止进针太深，可以用细胶管套住注射针基部，仅露0.2~0.3厘米的针头（图3-12）。

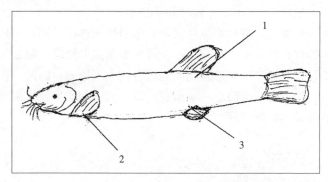

图3-12　泥鳅人工催产的注射部位
1. 背鳍　2. 胸鳍　3. 腹鳍

将人工注射后的亲鳅放入产卵箱内，保持产卵箱微流水，待其自然产卵或人工授精。因泥鳅个体较小且身体很滑，人工授精不易操作且死亡率较高，在大规模生产时，一般采用自然产卵的方式。

（五）效应时间

效应时间与水温有关，当水温为 20℃时，效应时间为 15 小时左右；水温在 25℃时，效应时间为 10 小时左右；水温 27℃时，效应时间为 8 小时左右（表 3-1）。

表 3-1 不同水温对泥鳅催产效应时间的比较

（肖调义等，1993）

	水温（℃）						
	16～18	18～20	20～22	22～24	24～26	26～28	28～30
效应时间（小时）	20	17	16	13	11	9	6
孵化时间（小时）	48	45	37	34	31	29	27

（六）自然产卵

泥鳅的交配方式与其他鱼类不同，雌、雄泥鳅在未发情之前，静卧产卵池或网箱底部，少数上下蹿动。接近发情时，雌、雄泥鳅以头部互相摩擦、呼吸急促，表现为鳃部迅速开合，也有以身体互相轻擦的。发情时，经常是数尾雄鳅追逐 1 尾雌鳅，雄鳅不断以口吸吻雌鳅的头部、腹部。雌鱼逐渐游到水面，雄鳅跟上追逐到水面，并进行肠呼吸，从肛门排出气泡。当一组开始追逐，便引发几组追逐起来。如此反复几次追逐，发情渐达高潮。当临近产卵时，雄鳅会卷住雌鳅腹部，呈筒状拦腰环抱雌鳅挤压产卵，同时雄鳅排出精液，行体外受精（图 3-13）。这时雄鳅结束了这次卷曲动作，雌、雄泥鳅暂时分别潜入水底。稍停后，开始再追逐，雄鳅再次卷住雌鳅，雌鳅再次产卵、雄鳅排精。这种动作因亲鳅个体大小不同而次数也不等，形体大的要反复进行 10 次以上。由于雌、雄泥鳅成熟度、个体差异以及催产剂效应作用的快慢不同，同一批泥鳅的

图3-13　泥鳅交配产卵和受精

这种卷体排卵动作间隔时间有长有短。有人观察，在水温25℃时，有些泥鳅两次卷体时间间隔2小时20分钟之多，有的间隔为20分钟，时间间隔短的仅10分钟左右。泥鳅的产卵时间会延续很长，当在网箱内看不到亲本交配的现象后就可以收集受精卵了。

（七）集卵

质量好的泥鳅卵（表3-2）呈黄色，为沉性卵，集卵时只需将

表3-2　泥鳅卵质量鉴别

质量性状	质量好的卵	不熟或过熟卵
吸水性	吸水膨胀快	吸水膨胀慢、膨胀不足
弹性及大小	卵球饱满，富于弹性，大小整齐	卵球稍瘪皱，弹性差，大小不整齐
颜色	鲜明、轮廓清晰	黯淡、轮廓模糊
卵在盘中静止时，胚胎的位置	胚胎（动物极）侧卧	胚体向上，植物极向下
胚胎发育情况	卵粒整齐、发育正常	卵粒不规则，分裂球大小不齐，发育不正常

集卵箱套在产卵池出水口，放掉池中水，受精卵就会随水流入集卵箱，用量杯计量后就可以进行受精卵集中孵化了。集卵（彩图7）时须注意，当产卵池小，或泥鳅产卵量大时，易造成受精卵局部堆积，引起受精卵窒息死亡，需在产卵期间增加一次受精卵收集工作，防止受精卵堆积时间太长。

五、泥鳅受精卵的孵化

泥鳅受精卵虽然为黏性卵，但是黏性较小，无需脱黏可以采用孵化缸等设施直接孵化。泥鳅受精卵的孵化，可以利用"四大家鱼"人工繁殖用的孵化设施进行人工孵化（彩图8），也可以在育苗池中进行微流水孵化及网箱孵化。

（一）孵化桶（缸）孵化

1. 放卵密度

孵化桶（图3-14）下口为进水口，上口为出水口，受精卵放在漏斗形桶身内，孵化桶一般容水量为200～250千克，放卵密度为每100千克水30万～50万粒。

2. 水流调节

孵化时应注意水流的调节。如果卵从孵化桶中心的水层由下而上翻起，到接近水面时逐渐向四周散开后慢慢下沉，表明水流适当；如卵粒未触表层就下沉，

图3-14 泥鳅受精卵进孵化桶

表明水流太小；如水表层中心水急剧涌动，卵快速翻转，表明水流

太快。刚孵出的苗比较娇嫩，切忌水流太急，待鳅苗能平游时，水流速度可减慢。

3. 防霉措施

鳅卵放进孵化桶中应注意防霉。卵放进孵化桶后，每隔 8 小时用浓度为 100 毫升/米^3 的福尔马林溶液浸浴 5～10 分钟。具体操作：关掉进水开关，使水静止，按孵化桶水量倒入福尔马林溶液，使浓度达到 100 毫升/米^3，静止 5～10 分钟，然后打开水阀继续孵化。也可以用 0.3 毫克/升的亚甲基蓝防霉，操作方法相同。刚打开水阀时，将水流开到最大，避免卵因长时间静止造成缺氧，过 2～3 分钟，再慢慢将水流调到受精卵正常孵化状态。

4. 孵化管理

（1）**水质** 孵化用水要水质清新，溶解氧丰富，无污染，pH 7～8。孵化用水要用 60 目的筛绢布过滤，供水的水池若浮游动物太多，可用晶体敌百虫兑水全池泼洒，使池水呈 0.3 毫克/升的浓度。

（2）**水温** 泥鳅卵孵化的最适水温为 24～28℃，设法将水温控制在这个范围，高温季节，可以用地下井水调节。

（3）**洗刷网罩** 平时应经常洗刷网罩，防止污物堵塞网眼，使水由网罩上口溢出，造成逃卵现象。洗涮时用海绵或毛巾等在罩子外面轻轻刷动或用手轻轻拍打网罩，使黏附在网罩上的污物离开网孔，保持水流通畅。在鳅苗出膜时更要勤刷网罩，因为，此时大量卵膜附在孵化桶罩子上，很容易堵塞网孔。

（二）育苗池静水孵化

1. 育苗池准备

育苗池最好为水泥池，面积 20～100 米^2，池底铺上微孔增氧设施，上面覆盖黑色遮阳网。放卵前 2 天用 15 毫克/升的高锰酸钾溶液全池泼洒，彻底消毒，并放入井水，水位保持 20～30 厘米，同时打开微孔增氧使水充分增氧。

2. 孵化床准备

准备一个长 3 米、宽 2 米的长方形木架，用 40 目的筛绢布缝制在木架上，注意筛绢布要绷紧，没有凹陷，否则放卵时容易堆积在凹陷处，影响受精卵孵化。

3. 布卵

将卵均匀铺在孵化床上，不要堆积，一般放卵密度为 10 万～15 万粒/米^2。布好卵后，将孵化床轻轻放入水中，并用砖头将孵化床的四角压住，防止孵化床漂起来。在实际生产中，往往将产卵网箱直接架在孵化床上面（图 3 -

图 3-15 泥鳅孵化床

15），离孵化床10～20 厘米，亲鳅自然产卵在孵化床上，产完卵，将亲鳅及产卵网箱移出，留受精卵在产卵床上自然孵化。

4. 防霉

方法与孵化桶孵化防霉方法相同。

5. 注意事项

①在整个孵化过程中，保证有充足的溶氧量，条件许可时保持微流水。②曝气头放在进水口方向，不要放在孵化床周围，避免由于气流的冲击，将卵聚集在一起，中间的卵由于缺氧而引起死亡。③不要将孵化床放在太阳光直射的地方。④防止水蛇、青蛙入池。在整个孵化过程中，要勤于观察，发现蛙卵及污物要及时清除。

（三）网箱孵化

网箱用 60 目的筛绢布制成，面积一般为 5～10 米^2，深 1 米左右。用竹竿或铁杆将网箱固定在池塘中，池塘最好有微流水。箱体应高出水面 30～40 厘米，箱底应在水下 60～70 厘米。放卵密度为 1 万～2 万粒/米^2。保持水质清新，防止敌害生物进入网箱。

在整个泥鳅人工繁殖过程中一定要注意水温，因为不同水温对繁殖效果产生显著的差别。唐东茂（1998）统计了 5 个温度段时的繁殖效果（表 3-3）。结果表明温度不同，繁殖效果也不同。以在 24～26℃水温中繁殖效果最好。

表 3-3　不同水温对泥鳅繁殖效果的比较

（唐东茂，1998）

项目	水温（℃）				
	16～18	18～20	20～22	22～24	24～26
相对产卵量（粒/克）	96	108.2	110	134.5	176
受精率（%）	71.1	87.0	90.9	93.8	94.6
孵化率（%）	76	82.5	83.2	83.8	86.3
效应时间（小时）	37.5	22.7	14.7	10.5	9
孵化时间（小时）	48.5	35	27	25	21.5

六、出苗

刚孵出的泥鳅苗体长仅为 3.7 毫米左右，背部有稀疏的黑色素，卵黄囊前段上方有胸鳍的胚芽，卵黄囊前段和头部具有孵化腺，吻端具有黏着器官，鳅苗借此使身体悬挂在附着物上，卵黄前段有粗大的居维氏管。孵出 8 小时左右，鳅苗长至 4.1 毫米时，全身有较粗的黑色素，口裂出现，但上、下腭不能活动，口角上发生第一对触须的芽孢，鳃盖形成，鳃丝伸出鳃盖外面，形成外鳃，居维氏管缩小，胸鳍扩大。孵出 33 小时左右，鳅苗长至 4.6 毫米左右，口下位，开始活动，口角出现第二对须，胸鳍基部垂直，能够来回扇动。孵出后 58 小时，鳅苗全长达 5.3 毫米左右，第三对须出现，鳔也出现，黏着器官消失，鳅苗已能游动，此时应及时转移到育苗池中培育（彩图 8）。出苗时，将集苗箱（图 3-16）放入盛水的容器中，再将孵化桶中的水慢慢放入集苗箱，然后用量杯计数出苗量（图 3-17）。在网箱中孵化的泥鳅苗则可以直接计数出苗。若暂不移入育苗池，应及时投喂蛋黄。方法是先将鸡蛋煮熟，除去蛋白。把蛋黄用 60 目的筛绢布裹住，再放入带水的盆中研碎，取蛋黄水喂鳅苗，每 10 万尾鳅苗每天喂 1 个蛋黄。

图 3-16　集苗箱

　　鳅苗的质量有以下鉴别方法：①了解该批鱼苗繁殖中的受精率、孵化率。一般受精率、孵化率高的批次，鱼苗体质好。②观察鳅苗外表。如体色鲜嫩，体形均匀，肥满度、大小规格一致，游动活泼，则为好苗。③在白瓷碗中装盛少量苗，用嘴适度吹动水面，其中顶风、逆水游动者强，随水波被吹到盆边者弱，如强的为多数则为优质苗。④将苗放在白瓷碗中，将水沥去后，苗在白瓷碗中剧烈挣扎、头尾弯曲厉害的为优质苗，挣扎力度弱或仅以头尾扭动者为劣质苗（彩图 9）。

图3-17　鳅苗计数

七、泥鳅人工繁殖实例

(一)实例一

1. 养殖户基本信息

丁春华,江苏省淮安市淮阴区人,2013年从5月20日至10月11日,在淮安市淮阴区南陈集镇张周村进行泥鳅大规模人工繁殖,共催产泥鳅32批次,计18 895组,繁殖水花1.32亿尾。

2. 繁殖设施

家鱼人工繁殖用催产池3个,面积均为60米^2;水泥池12个,每池面积为16米^2;设施化土池96个,每个池面积16米^2。每个催产池设置1个产卵网箱,每个水泥池设置1个产卵网箱,水泥池产卵网箱底下再放置1个孵化床。

3. 繁殖流程

雌、雄亲鳅挑选、计数和称重→配催产剂→注射催产药物→放入产卵箱→产卵→移出产后鳅→受精卵静水孵化。

4. 结果

①受精率达95%,孵化率达90%;②每尾泥鳅产卵在5 000~

10 000 粒。

5. 主要技术措施

①雌性亲鳅规格在 12～15 尾/千克，雄性亲鳅在 20 尾/千克左右，雌雄比例为 1∶2；②催产剂采用 3 种激素混合使用；③亲鳅注射催产剂的方式采用背鳍注射，产卵方式采取自然产卵，这样大大降低了亲鳅的死亡率，亲鳅的死亡率控制在 5％以内；④亲鳅催产与受精卵孵化温度都控制在 24～26℃；⑤受精卵采取水泥池静水孵化，孵化用水为井水。

6. 技术特点

亲鳅规格大，催产与受精卵孵化温度都控制在 24～26℃。亲鳅催产与受精卵孵化温度在 24～26℃是泥鳅催产、孵化的最佳温度，加之亲鳅规格大，因此即使在外塘水温高于 30℃的情况下，雌鳅产卵量远远高于一般水平（3 000 粒/尾），受精率、孵化率能分别达到 95％、90％。

（二）实例二

1. 养殖户基本信息

江苏省淮安市五河口水产科技有限公司，2014 年从 5 月 19 日至 7 月 6 日，在淮安市淮阴区码头镇二闸村进行泥鳅大规模人工繁殖，共催产泥鳅 11 批次，计 11 048 组，繁殖水花 5 600 万尾。

2. 繁殖设施

家鱼人工繁殖孵化桶 180 个，每只桶可容纳 400 千克水；产卵池（水泥池）2 个，每池面积为 12 米²，每个催产池设置 2 个产卵网箱。

3. 繁殖流程

雌、雄亲鳅挑选、计数和称重→配催产剂→注射催产药物→放入产卵箱→产卵→移出产后鳅→孵化缸流水孵化。

4. 结果

①受精率达 90％，孵化率达 95％；②每尾泥鳅产卵在 3 000～8 000 粒。

5. 主要技术措施

①雌性亲鳅规格在 16～20 尾/千克，雄性亲鳅在 30 尾/千克左右，雌雄比例为 1∶（1.5～2.0）；前期采用 1∶2，后期因雄鳅不足，雌雄比例采用 1∶1.5，产卵量有所下降。②催产剂采用 3 种激素混合使用。③亲鳅注射催产剂的方式采用背鳍注射，产卵方式采取自然产卵，这样大大降低了亲鳅的死亡率，亲鳅的死亡率控制在 5% 以内。④亲鳅催产与受精卵孵化温度控制在 24～28℃。⑤受精卵采取孵化桶流水孵化，孵化用水为井水与河水混合水。后期因进行黄颡鱼人工繁殖，孵兑水温升至 30℃，孵化率明显下降。

6. 技术特点

①控温催产、孵化。在整个亲鳅催产与受精卵孵化过程中水温都控制在 24～28℃，因此受精率、孵化率都较好。②流水孵化。受精卵采用流水孵化，保证了受精卵充足的氧气，因此受精卵孵化率高于同样在控温条件下静水孵化的孵化率。

第二节　泥鳅苗种培育技术

泥鳅的苗种培育是指把刚孵化出的鳅苗饲养 40 天左右，养成全长 4～5 厘米、重 1 克左右的鳅种。目前，泥鳅苗种培育模式主要有土池培育及设施化池塘苗种分级式培育两种模式。相比而言，土池苗种培育成活率低，而设施化池塘苗种分级培育成活率较高，是目前正在大力推广的泥鳅苗种培育方法。

一、土池培育泥鳅苗种

（一）育苗池准备

池塘面积以 1 334～2 001 米^2、水深 40～60 厘米为宜。池子上方架设防鸟网（彩图 10），池埂、池底夯实，池底平整，池底铺 15～20 厘米厚的肥泥。沿塘内四周用网片围住，网片下端埋至硬土中20厘米，上端高出水面20厘米，可有效防止泥鳅逃跑和敌害生物进入（彩图11）。进水口高出水面20厘米，出水口设置在池塘底部，平时封住。进出水口均用筛绢网防逃。在池中铺设微孔增氧设施。同时池中按行距2米、株距1米栽种水花生（图3-18）。放苗前10天按常规清塘消毒，注水50～60厘米，每平方米施有机肥0.3～0.5千克，隔1～2天搅动池底1次；放苗前2天，每天上午、下午各泼洒豆浆1次，每天每667米^{2}泼洒2.5千克干黄豆磨成的豆浆。7～10天轮虫达高峰时即可投放鳅苗。

图3-18　育苗池栽种水花生

（二）试水

鳅苗入池前1天，将育苗池水舀进水桶，放入几尾鳅苗，1天后，如果鳅苗正常，则可以放苗；反之，则说明水质不好，育苗池需要换水，换水后过几天再试水，直到清塘药物毒力消失，水质变好后，才可以放苗。

（三）拉空网

鳅苗入池前1天，用鱼苗网在池塘内拉网2～3次，将清塘后重新繁殖的有害生物蜻蜓幼体（图3-19）、水蜈蚣（图3-20）等除掉。

图 3-19　蜻蜓幼体

图 3-20　水蜈蚣

（四）放苗

选择晴天 08:00—10:00 或者 17:00 左右放养鳅苗，避开正午阳光直射的时间。如果有风，在上风投放鳅苗。放苗时，注意运苗水体温度与池水温度不超过 3℃，如温差太大，须调节水温。具体操作为：先将鳅苗放入容器内，再慢慢向容器内注入池塘水，待容器内的水温与池塘水温一致时，再将容器慢慢倾斜，让泥鳅苗自然游入池塘。鳅苗放养密度为 800～1 000 尾/米^2。同池鳅苗最好放同一批孵化出的鳅苗。否则，鳅苗在生长过程中会出现大小相差悬殊的现象。体质好、规格大的鳅苗会越来越大，体质差、规格小的鳅苗会越来越瘦弱，以致影响鳅苗成活率。

（五）苗种培育

1. 天然饵料的培育

鳅苗开口饵料为轮虫，因此培育好轮虫是保证泥鳅苗种培育成活率的关键。

（1）豆浆培育法 鳅苗下池前1周，每天上、下午各泼洒豆浆1次，每天每667米² 泼洒2.5千克干黄豆磨成的豆浆。1周后每天泼洒3.0千克干黄豆磨成的豆浆，2周后黄豆增加至3.5千克。

黄豆浆的加工方法为：①泡黄豆。将黄豆用水浸泡，浸泡时间视水温而定，一般水温18℃左右，黄豆浸泡10～12小时，水温28～30℃则浸泡5～7小时，具体时间视黄豆浸泡情况。一般以黄豆两瓣间空隙胀满为好，此时，黄豆出浆率最高。②打豆浆。将泡好的黄豆加适量水放入豆浆机打豆浆。一般1.5千克干黄豆打25千克豆浆，打成豆浆不可再加水，否则，豆浆易沉淀。③滤豆渣。现在的豆浆机一般在磨豆浆时，豆渣就自动分离了，如果没有此项功能则需人工分离。

黄豆浆的泼洒方法为：先沿池塘四周泼洒，再全池泼洒。泼洒豆浆时要做到细而匀。豆浆要做到现磨、现泼，切忌搁置时间太久，否则会引起豆浆变质。

（2）肥水培育法 每周投放2次腐熟发酵的鸡粪肥，每次每667米² 用量为50～100千克。

（3）混合培育法 豆浆培育与肥水培育混合使用。掌握的原则是保持水质"肥、活、嫩、爽"，透明度在30～40厘米。

2. 饲料投喂

鳅苗下塘后20天内，不投饲料，鳅苗主要摄食水体中的天然饵料。当鳅苗长至长为2.0厘米左右时，天然饵料生物已不能满足鳅苗的需要，此时除每周每667米² 投放两次发酵粪肥50～100千克外，需每天投喂粉料2次，分别为08：00—09：00和17：00—18：00，投喂量占泥鳅体重的3%～5%。当鳅苗下塘30天后，鳅苗长至3～4厘米，改投喂泥鳅苗种料，日投喂量占泥鳅体重的4%～5%。当鳅苗长至4厘米以上则养殖投喂与成鳅相同。

3. 水位控制

对于有防晒网的培育池，泥鳅夏花鱼种培育期间，前15天保持水位30厘米；15天后，逐步加深水位至60～80厘米。对于没有架设防晒网的培育池，前15天水位要加深至50厘米左右；后期随着温度的升高和泥鳅的生长，须提高水位至80厘米以上。

4. 水质控制

①定期用生物制剂调节水质，每隔1周施用生物制剂1次。②定期灌注新水，每隔10天换水10～15厘米。③当水色过浓，透明度低于30厘米时，及时换掉池水的1/3。

5. 防病

①鳅苗很容易受到原虫寄生，因此，鳅苗下塘1周，应用硫酸铜0.7毫克/升杀灭水体中的原虫，以后每隔1周用1次药。②鳅苗很容易得气泡病，因此要保持水的透明度在30厘米以上。如果水色太浓，应及时加注新水。

6. 日常管理

一天巡塘3次，早、中、晚各1次，巡塘时仔细观察鳅苗的活动情况和水色变化情况，夜间或阴雨天及时开启微孔增氧装置或加注溶氧量较高的外源水。及时捞出水中蛙卵。

7. 注意事项

用土池直接将泥鳅水花培育成苗种，苗种成活率较低。注意以下关键点，可以提高培育成活率。

（1）放养时机 鳅苗孵化出来后，经30～40小时的暂养，当卵黄消失，可以开口摄食时，再将鳅苗集中计数，按计划放养到培育池中，而此时培育池塘又刚好处在轮虫高峰期时，鳅苗放养效果最好。

（2）透明度控制 为了保证培育池有充足饵料，一般持续泼洒豆浆或投放有机肥料，培育池水质很容易出现蓝藻和绿藻过量繁殖，并导致池水透明度过小等问题，在连续高温的情况下，泥鳅苗种气泡病发病严重，因此，应高度重视露天培育池施肥、泼洒豆浆数量和频度的把握，既要满足饵料生物的培养，又要防止水质过肥，造成频繁发生气泡病。

（3）**敌害生物防控**　泥鳅苗种活动相对缓慢，容易被青蛙、蜻蜓幼体等敌害生物轻易捕食，尤其是蜻蜓幼体的危害，数量很大时，可以造成苗种培育成活率几乎为零。与此同时，未被捕捞干净的存塘老泥鳅也会捕食刚下塘的泥鳅水花，因此清塘要干净彻底。白鹭等水鸟也会成群地到鱼池中捕食泥鳅夏花鱼种，因此，露天培育池应高度重视防虫、防鸟工作，培育池四周及上方设置防护网（图3-21），可以有效减少生物危害。

图3-21　防护网

二、设施化池塘泥鳅苗种分级式培育

设施化池塘泥鳅苗种分级式培育是将泥鳅苗种培育人为分成两级：①将泥鳅水花培育成乌仔，培育时间为1周，泥鳅苗种长至1.0厘米左右，培育设施为设施化池塘；②将乌仔培育成大规格苗种（彩图12），培育时间为4周，泥鳅长至4厘米以上，培育设施为池塘。

（一）乌仔培育

1. 设施化池塘准备

面积50～100米²，深50～60厘米。池底及池埂铺上黑色塑料布或建成水泥池（图3-22）。池子上口进水，下口池底部出水，出水口上插一调节水位的聚氯乙烯（PVC）管，PVC管上用电钻打上40～50个直径0.2厘米的出水孔。出水孔用60目的筛绢布扎紧。池底自上水口向下水口缓降，降幅为5%～10%。池中设置微孔增氧设施。最好在池子上方架设塑料大棚，上覆黑色遮阳网。池子出水口边上开挖1条排水沟渠，排水沟渠可以是水泥渠也可以是土质渠道。沟渠底部低于排水口30～50厘米，便于集苗。在放苗前2天，用0.3毫克/升的二氧化氯溶液或15毫克/升的高锰酸钾溶液消毒，并注入泥鳅饵料培育池水30厘米。如果没有架设塑料大棚，放苗前一天中午，泼洒光合细菌调节水质。

图3-22　乌仔培育池

新建水泥池必须进行脱碱处理。具体方法为：①醋酸法。用醋酸洗刷水泥池表面，然后注满水浸泡3～4天。②过磷酸钙法。每立方米水体添加过磷酸钙肥料1千克，浸泡1～2天，放干水后用

清水冲洗几遍。③酸性磷酸钠法。每立方米水体添加酸性磷酸钠
20 克，浸泡 2 天，放干水后用清水冲洗几遍。④稻草、麦秸浸泡
法。水泥池加满水后，放入一层稻草或麦秸，浸泡 1 个月左右。
⑤清水浸泡法。水泥池注满水，浸泡 3～4 天，换上新水再浸泡
3～4 天，连续 4～5 次。

2. 饵料生物培育塘的准备

准备水深 1.5 米以上的池塘 1 个，面积视乌仔培育池面积而
定，一般是乌仔培育池面积的一半即可。在泥鳅水花放养前 10 天
进行药物清塘，每 667 米² 用生石灰 75～100 千克化浆，趁热全池
泼洒。饵料培育池的水位最好高于泥鳅苗培育池水位 1 米以上。在
饵料培育池与泥鳅苗培育池之间架设管道，利用水位差，饵料培育
池的水自流进入鳅苗培育池。

3. 天然饵料培育

放苗前 10 天，注水、施肥。每 667 米² 施发酵的鸡肥 400～
500 千克，隔 1～2 天搅动池底一次。以后每周投放 2 次腐熟发酵
的鸡粪肥，每次每 667 米² 为 50～100 千克；每周泼洒 1 次生物制
剂以调节水质。如果在饵料生物的培育过程中，发现每毫升池水中
轮虫密度小于 40 个，则泼洒豆浆进行追肥。

4. 水花放养

每平方米放养泥鳅水花 3 000～5 000 尾。放养时应注意调节水
温，一般泥鳅繁殖场会用井水控制泥鳅受精卵的孵化温度，因此，
泥鳅水花温度往往低于室外池塘水温。放养泥鳅水花时，应将泥鳅
水花倒入容器中，再慢慢加入池水，最后容器中的水温与池塘水温
相同时，再将容器倾斜，让泥鳅苗慢慢游入水中。

5. 饵料投喂

从泥鳅水花到乌仔这一阶段的培育，主要投喂人工培育的轮虫
等饵料生物。轮虫通过管道从饵料生物培育池流入乌仔培育池。在
培育池出水口套 1 个用 60 目筛绢布制成的滤网，将大型的水生生
物滤出水体，防止敌害生物进入及大型枝角类、桡足类进入而与鳅
苗争氧气。

6. 杀虫

鳅苗下池后 5 天，及时用 0.7 毫克/升的硫酸铜溶液杀灭原虫类寄生虫。

7. 日常管理

每天巡塘 3 次，早、中、晚各 1 次，巡塘时仔细观察鳅苗的活动情况和水色变化情况，发现问题立即采取措施。特别要注意水中是否有蛙卵，如有发现，应及时捞除。

8. 集苗

当乌仔培育 1 周后，体长至 1 厘米左右，即可出苗进入大规格苗培育阶段。集苗时，将集苗箱架设到排水沟，集苗箱的导管套在排水管上，拔掉池中的 PVC 管，让泥鳅乌仔随池水流入集苗箱，去除网箱中的杂质，将泥鳅乌仔计数，放入池塘，进行大规格苗种培育阶段。

9. 注意事项

①在整个培育期，防止蝌蚪等敌害生物入侵，防止不适口的大型浮游动物过量聚集，因此，进排水的过滤设施网目尺寸要适宜，过滤网经常清洗，既要防止敌害生物进入、大型浮游动物聚集，又要保证有充足而适口的轮虫等饵料生物。②在整个培育期，鳅苗培育池保持微流水，保证轮虫等适口饵料生物密度达到40～50 个/毫升。

（二）大规格苗种培育

1. 池塘准备

选择面积 667～1 334 米²，池深 80～100 厘米，进排水方便的池塘为泥鳅大规格苗种培育塘（图 3 - 23）。按照土池育苗池培育泥鳅苗种的方法，在池塘上空架设防鸟网，沿塘内四周用网片围起，进出水口用 40 目的筛绢布过滤。在乌仔下塘前 10 天用生石灰或二氧化氯彻底清塘。

2. 施肥

放苗前 7 天，注水 50 厘米，每 667 米² 施腐熟发酵的鸡肥

图 3-23　大规格苗种培育池

400～500 千克，隔 1～2 天搅动池底一次，促使休眠轮虫孢子发育。

3. 试水

乌仔入池前 1 天，将池水舀进水桶，放入几尾泥鳅乌仔，24 小时后，如果乌仔一切正常，则可以放苗；反之，则说明水质不好，池塘需要换水。换水后过几天再试水，直到清塘药物毒力消失，水质变好后，才可以放苗。

4. 拉空网

鳅苗入池前 1 天，用鱼苗网在池塘内拉网 2～3 次，将池内的有害生物清除掉。

5. 乌仔放养

每 667 米² 放养乌仔 30 万～50 万尾。同一个池塘放养的乌仔应是同一批次的，大小规格整齐，体格健壮。

6. 饵料投喂

泥鳅在长至 5 厘米之前的苗种阶段，主要摄食浮游动物，如轮虫、原生动物、枝角类和桡足类；体长 5～8 厘米时，逐渐向杂食性转变，主要摄食甲壳类、摇蚊幼虫、水丝蚓、水陆生昆虫及其幼虫、幼螺、蚯蚓等，同时还摄食丝状藻、硅藻、植物碎片及种子。因此，在泥鳅的苗种培育过程中，泥鳅体长在 2 厘米前，主要培育好水体中的轮虫、小型枝角类，让泥鳅摄食天然饵料。泥鳅长至 2 厘米后，在继续培育适口饵料生物的同时，开始投喂人工配合饲料。具体方法与土池培育泥鳅苗种的饲料投喂相同。

7. 水质管理

每隔 1 周施用 1 次生物制剂调节水质；每 15 天用生石灰全池泼洒 1 次，使池水呈 15 毫克/升浓度（彩图 13）；在夏天高温季节，适时注入新水，保持良好的水质。

8. 防病

同土池培育泥鳅苗防病。

9. 日常管理

每天要坚持早、中、晚 3 次巡塘，观察泥鳅吃食、活动和生长情况（彩图 14）。如发现病鱼应及时诊断并采取措施；同时要防止敌害生物侵入，控制蜻蜓幼虫、水蜈蚣等敌害生物的繁殖生长。

10. 注意事项

①要注意调节水位。前 15 天，保持水位 50 厘米，以后逐渐将水位升到 80 厘米。②要适时追肥。每周投放 2 次腐熟发酵的鸡粪肥，每次每 667 米^2 为 50～100 千克。③因水蚤对敌百虫敏感，所以不要在池中施敌百虫。

三、泥鳅苗种培育实例

1. 养殖户基本信息

丁春华，江苏省淮安市淮阴区人，2013 年在淮安市淮阴区南陈集镇张周村进行泥鳅土池苗种培育和设施化池塘分级苗种培育试验，现将情况介绍如下。

2. 土池苗种培育

土池面积 1 334 米^2，池深 0.8 米，水源充足，排灌方便。池中移栽了水花生，并用绳悬挂在水中。6 月 6 日每 667 米^2 放养泥鳅水花 100 万尾，至 7 月 16 日，泥鳅苗种平均体长 5.31 厘米，平均体重 1.168 克，规格达 856 尾/千克，每 667 米^2 产量为 12.3 万尾，平均成活率为 12.3%。

主要技术措施：①在池中移栽了水花生，为鳅苗提供了一个躲避敌害的场所；②当鳅苗长至 1.5 厘米左右时投喂人工饲料，主要是米糠、鱼粉，鱼粉占 30%；③使用微生物制剂，平均 1 周使用 1 次。

3. 设施化池塘分级苗种培育

(1) 设施化池塘乌仔培育 共有设施化池塘 108 个，每个池子 16 米^2，水深 0.4 米。池底及池埂铺上黑色塑料布，上口进水，下口底部排水。池子上方设置塑料大棚，并覆盖遮阳网。饵料生物培育池 0.33 公顷，设置专门的管道，饵料培育池水可以自流到乌仔培育池。每个乌仔培养池放养泥鳅水花 5 万尾，经过 7 天培育，泥鳅苗体长达 1 厘米左右后，集苗、计数进入泥鳅大规格苗种培育阶段。2013 年共培育泥鳅乌仔 7 200 万尾，平均成活率达 78.3%。

主要技术措施：①设施化池塘上方设置塑料大棚，并覆盖遮阳网，营造了泥鳅苗良好生长环境，从源头制止了蜻蜓幼体的产生。②采用饵料生物单独培育的方式，保证了泥鳅苗天然开口饵料——轮虫的供应。饵料培育池轮虫密度达到 150 个/毫升，乌仔培育池轮虫密度始终维持在 40 个/毫升以上。③饵料生物随水进入设施化池塘前用 60 目的筛绢布过滤，再次避免了蜻蜓幼体等敌害生物的危害。④在设施化池塘中设置微孔增氧设施，保证了培育池溶氧量充足。

(2) 池塘大规格苗种培育 共有池塘 32 个，面积 8.2 公顷，每个池塘深 1 米左右；进排水管道齐全，并配套微孔增氧设置；每个池塘上空设置防鸟网，池的四周设置泥鳅防逃网。每 667 米^2 池塘放养泥鳅乌仔 25 万～30 万尾，2013 年共放养乌仔 7 200 万尾，生产大规格苗种 3 820 万尾，平均成活率达 53%。

主要技术措施：①设置防鸟网，防止了鸟类对泥鳅的危害。②在肥水的条件下，当泥鳅苗长至 1.5 厘米左右时，添加蛋白质含量在 40% 以上的黄颡鱼粉料；当泥鳅长到 3 厘米左右时投喂泥鳅苗种破碎料；5 厘米左右时投喂优质泥鳅专用料。泥鳅苗种培育的各个阶段都准备了适口的人工饵料。③设置微孔增氧，保证培育池溶氧量始终充足。

第三节 泥鳅池塘高效养殖技术

一、池塘清整

(一) 池塘准备

成鳅池面积以 1 334～2 001 米² 为宜，水深 60～100 厘米。池的四壁及池底须夯实，以免渗漏，池底淤泥厚度为 10～20 厘米。进水口设在地面上或近地面处，排水口设在池底。进排水口分别建于池的两端。进、排水须用金属丝网或尼龙丝网护住，以防泥鳅逃逸或有害生物进入。按照土池育苗池培育泥鳅苗种的方法，在池塘上空架设防鸟网，沿塘内四周用网片围起（彩图 15）。并在泥鳅池内设置微孔增氧设施。

(二) 池塘消毒

鳅种放养前 10 天，用生石灰或二氧化氯彻底清塘，杀灭池中的有害细菌及敌害生物。

(三) 施肥

放养前 7 天加注新水，池水水位为 50 厘米，并施基肥。基肥通常用腐熟发酵的畜禽粪肥。每平方米用鸡粪 200 克，如用猪粪、牛粪，数量则要稍多。施肥的投放的方法可采用将肥料堆在池的四周，让养分自然释放出来，也可以采取全池投放的方法。

二、鳅种放养

(一) 鳅种要求

鳅种要求大小整齐，行动活泼，体质强壮，无病无畸形。规格为 5 厘米/尾以上。

（二）鳅种消毒

为预防疾病，鳅种放养前要进行消毒处理。一般每立方水体用硫酸铜 7 克或溴氯海因 0.3 毫升消毒，在水温 10～15℃时，浸浴 20～30 分钟。

（三）放养密度

放养密度与鱼种、养殖条件和饲养技术水平有关。人工苗种放养密度可低些，野生苗种放养密度高些；池塘有微流水放养量大些，静水养殖放养量小些；养殖技术高可增加放养量，反之，则减少放养量。

放养密度还与规格有关。放养规格小的鳅种，放养量可减少，放养规格大的鳅种，放养量要增加。

一般放养量：规格 200～300 尾/千克的人工繁育鳅种，每 667 米^2 放 300～500 千克；规格 200～300 尾/千克的野生鳅种，每 667 米^2 放 500～1 000 千克。放养尾数一般为每 100 米^2 0.75 万～1 万尾。

三、饲养管理

（一）投喂

1. 饲料种类

成鳅的饲料来源广泛。动物性饲料有蚯蚓、蝇蛆、黄粉虫、螺肉、贝肉、野杂鱼、动物内脏、蚕蛹粉、畜禽血粉、鱼粉等；植物有谷类、米糠、麦麸、豆粕、玉米粉、野果、熟山芋、蔬菜茎叶等。目前，绝大部分养殖户用人工配合饲料养殖泥鳅，既方便和节约成本，养殖效果又好。

2. 投喂量

泥鳅通常在水温 15℃时开始正常摄食，摄食量为鱼体重的 2%。当水温达到 20～28℃时，投饵量增至鱼体重的 3%～8%，每天分 2 次投喂，分别为 09:00—10:00 和 17:00—18:00。若水温高于 30℃或低于 10℃时，减少投饵量。

3. 投饲方法

目前普遍采用的投饲方法是全池投放，但此方法往往造成饵料系数偏高。

4. 注意事项

①投喂新鲜、适口的饲料，不投变质的饲料。②根据天气情况及时调整投喂量，晴天多投、阴天少投、雨天少投或不投，闷热雷雨天不投。③早开食、晚停食，春天当水温上升到 10℃左右时就要开始投喂少量饲料，不要等到水温上升到 15℃时才投喂；同样，当秋天水温下降至 10℃左右时仍要投喂少量饲料。这样能保证泥鳅最大限度地生长。

（二）施肥

泥鳅属杂食性鱼类，常摄食水蚤、丝蚯蚓和其他水生动物。因此，在成鳅养殖阶段，应采取措施培育天然饵料。除在放养前施基肥外，还应根据水色及时施追肥。追肥一般用农家肥，也可施过磷酸钙、硫酸铵、尿素等化肥。追施粪肥的用量根据水的肥度而定，一般为基肥用量的 30%～50%。

（三）日常管理

1. 水质管理

定期施用微生态制剂，水温 23℃以上，每周用微生态制剂 1 次；适时加注新水，保持水质"肥、活、嫩、爽"，透明度为 20～25 厘米。

2. 检查泥鳅的摄食情况

在泥鳅养殖塘设置多个食台（彩图 16），饲料投喂后 1 小时检查食台饵料剩余情况。如饵料没有剩余，应加大投喂量；如剩余超过 10%，应减少投喂量；如有少量剩余则投喂量较为合理。

3. 疾病预防

每隔 15 天，用二氧化氯消毒水体 1 次；在鱼病高发季节，定期投喂药饵，预防疾病。

4. 巡塘

坚持每天早、中、晚巡塘 3 次，密切注意池水的水色变化和泥鳅的活动情况；及时观察饵料投喂后的摄食状况，发现问题，及时解决。巡塘时还要将池塘中的蛙卵、杂物等及时捞出，保持池塘的整洁。

5. 防逃工作

要经常检查池埂是否牢固，进排水口网罩是否结实，如有漏洞，及时修补。在降暴雨或连日下大雨时，要检查围网是否倒伏，池塘水是否溢出，如有情况，及时采取措施。

四、泥鳅池塘高效养殖实例

（一）实例一

1. 养殖户基本信息

李宾，江苏省赣榆县墩尚镇徐庄村泥鳅养殖户，有池塘 2 口，合计 2 668 米^2。每口池塘面积 1 334 米^2，水深 80 厘米。2013 年 5 月 30 日从淮安购进规格为 500 尾/千克左右的人工繁育的鳅种 1 200 千克，10 月 8 日起捕，共销售泥鳅 9 993.5 千克，规格为 40 尾/千克左右。泥鳅增长倍数为 7.3 倍。

2. 放养与收获情况

放养与收获情况详见表 3-4。

表 3-4　泥鳅的放养与收获

养殖品种	放养			收获		
	时间	规格（尾/千克）	每 667 米^2 放养量（千克）	时间	规格（克）	每 667 米^2 产量（千克）
泥鳅	2013 年 5 月 30 日	500	300	2013 年 10 月 8 日	25	2 498.4

3. 养殖效益分析

养殖效益详见表3-5。

表3-5 泥鳅养殖经济效益分析

项 目		数量	单价	总价（元）
成本	池塘承包费	2 668 米^2	每667 米^{2}价格 2 000 元	8 000
	苗种费 泥鳅	1 200 千克	72 元	86 400
	饲料费 配合饲料	26 380 千克	4.2 元	110 796
	药费 渔药	—	—	1 250
	药费 微生态制剂	—	—	5 600
	药费 小计	—	—	6 850
	其他 肥料			480
	其他 电费			1 200
	其他 人工			3 000
	其他 小计			4 680
	总成本	2 668 米^2	每667 米^{2}成本 54 181.5 元	216 726
产值	单项产值 泥鳅	9 993.5 千克	42 元	419 727
	总产值	2 668 米^2	每667 米^{2}产值 104 932 元	419 727
	总利润	2 668 米^2	每667 米^{2}利润 50 750.25 元	203 001

4. 经验和心得

（1）养殖技术要点 ①池塘条件：池塘为标准的长方形泥鳅塘，东西长，南北短。进排水设施完善；防逃网、防鸟网完备。

②设施设备：池塘边挖有深井，取水方便，且没有污染。③鳅种放养：鳅种放养密度低，每667米²放300千克，计15万尾。④饲料投喂方式：沿池四周全池均匀投放。⑤养殖管理措施：一是采用饲料厂家生产的全价配合饲料；二是经常检查泥鳅吃食情况，保证泥鳅正常生长；三是夏天高温季节每星期灌注新水一次，每周使用微生物制剂1次，保持水质"肥、活、嫩、爽"；四是经常用生石灰消毒。

（2）**心得**　①经常用微生物制剂调节水质；②注重疾病预防，经常内服大蒜素及微生物制剂；③保持池塘整洁，周边无杂草；④养殖户多年来一直从事泥鳅养殖，养殖经验丰富，各个技术环节均能做得很好。

（二）实例二

1. 养殖户基本信息

秦辉明，重庆市梁平县明达镇红八村养殖户。具有流转土地7公顷，建有36口鳅池，每口面积为333.5～2 668米²，池深1.2米，池壁水泥护坡，四周围网及天网防逃和防天敌，水源以抽取河水及井水并用（图3-24、图3-25）。

图3-24　秦辉明养殖场四周围网及天网

图 3 - 25　秦辉明养殖场全景

采用池塘围网养殖。2010 年开始从事大鳞副泥鳅和青鳅的养殖与苗种繁育工作。经 4 年努力，其泥鳅的苗繁和商品鳅养殖技术基本成熟，在当地成为较具影响的泥鳅繁养基地。

2. 放养与收获情况

放养品种、放养时间、规格、数量等以及各品种的收获时间、规格、数量等见表 3 - 6。

表 3 - 6　泥鳅的放养与收获

养殖品种	放养			收获		
	时间	规格 （尾/千克）	每 667 米² 放养量 （千克）	时间	规格 （克）	每 667 米² 产量 （千克）
泥鳅	2011 年 4 月 6 日	200～300	300	2011 年 11 月 2 日	16～25	1 260
泥鳅	2012 年 4—6 月	200～300	400	2012 年 11—12 月	16～25	1 670
泥鳅	2012 年 4—6 月	200～300	500	2013 年 11—12 月	16～25	1 810
泥鳅	2012 年 4—6 月	200～300	500	2014 年 11—12 月	16～25	2 130

3. 养殖效益分析

以 2014 年每 667 米^2 成本合计 4.2 万元：池塘土地流转费每 667 米^2 700 元；苗种费 50 元/千克，每 667 米^2 成本 2.5 万元；饲料系数 1.8，单价 5.5 元/千克，每 667 米^2 成本 1.6 万元；每 667 米^2 渔药成本 100 元，每 667 米^2 人工工资成本 70 元；每 667 米^2 水电成本 40 元。

上市销售价格为 40 元/千克，每 667 米^2 产值 8.5 万元；每 667 米^2 利润为 4.3 万元。2014 年预计纯效益达 300 万元（部分鳅池为苗种）。

4. 经验和心得

（1）**养殖技术要点**　池塘防逃设施及防天敌设施必须完善；电力及水源保障必须到位；放养时间越早越好；饲料投喂要坚持"三定"；在养殖品种上该场坚持以大鳞副泥鳅和泥鳅为主。

（2）**心得**　商品鳅养殖的苗种以自己培育为主，提高了商品鳅的成活率，同时降低了养殖成本。在管理上务必事事亲力亲为，培养日常巡塘习惯，与周边群众搞好关系也是泥鳅养殖行业的重要因素。

5. 上市和营销

泥鳅市场的特点为价格季差明显，在 5—8 月泥鳅市场价格较低，野生泥鳅上市量较大。而进入冬季到翌年开春前市场泥鳅货源吃紧，并具有价格优势。

因此，该场泥鳅都在年底起捕上市（图 3 - 26），到翌年开春前基本都已售完。

（三）实例三

1. 养殖户基本信息

重庆海然泥鳅养殖专业合作社成立于 2009 年，位于重庆市南川区兴隆镇金花村，现有水面养殖面积约 13 公顷，泥鳅养殖池 15 口，鲢、鳙、鲤和鲫养殖池 1 口，蓄水池 1 口，全部池塘均为标准化长方形鱼池（图 3 - 27），主要养殖品种为泥鳅，兼养鲢、

图3-26　鳅苗出池

图3-27　重庆海然泥鳅养殖专业合作社养殖场全景

鲋、鲤、鲫，是一家专业从事泥鳅苗种和成鳅生产、销售为一体的民营股份制合作组织。该专业合作社经过几年的不断发展，现已成为南川区以及周边区县鳅苗的繁殖培育基地，逐步形成了"专业合作社＋农户"的经营管理模式，带动周边农民增收致富，取得了较好经济效益和社会效益。

2. 放养与收获情况

放养具体情况见表3-7。

表 3-7　泥鳅的放养与收获

养殖品种	放养			收获		
	时间	规格（尾/千克）	每 667 米²放养量（千克）	时间	规格（克）	每 667 米²产量（千克）
泥鳅	2014 年 3 月 20 日	1 500	60	2014 年 7 月 4 日	17.86	2 000
泥鳅	2014 年 4 月 5 日	1 500	40	2014 年 7 月 20 日	17.86	1 500
泥鳅	2014 年 7 月 25 日	1 500	66.7	2014 年 11 月 30 日	17.86	2 200

3. 养殖效益分析

该合作社当年年产泥鳅寸片 1 500 万尾，实现销售收入 150 万元，商品泥鳅 10 万千克，实现销售收入 400 万元，总产值达 600 万元，利润 150 万元。

4. 经验和心得

（1）养殖技术要点　①饲养环境：泥鳅的饲养环境应选择在避风向阳、靠近水源的地方，苗种放养前，要将池塘进行彻底清整、消毒，结合鱼菜共生系统，给泥鳅提供一个遮阳、舒适、安静的生活环境，同时，水生植物的根部还为一些底栖生物的繁殖提供场所，为泥鳅提供天然饵料。②苗种质量：用于成鳅养殖的鳅苗，要选择体质健壮、活动力强、体表光滑、无病无伤的泥鳅苗种。③苗种消毒：苗种放养前，用 2‰～3‰的食盐水浸浴 5～10 分钟，以杀灭其体表的病原。④放养密度：在泥鳅养殖期间，如放养密度低，则造成水资源的浪费；放养密度过高，又容易导致泥鳅患病。一般每 667 米² 放养体长 3～4 厘米的夏花 7 万～10 万尾或体长在 5 厘米以上的苗种放养 4 万～6 万尾，条件好的情况下可适当增加放养量，否则要适当减少放养量。⑤饲料管理：泥鳅是一种杂食性的淡水经济鱼类，尤其喜食水蚤、丝蚯蚓及其他浮游生物，但动物性饲料一般不宜单独投喂，否则容易造成泥鳅贪食、食物不消化、呼吸不正常甚至"胀气"而死亡，专业化养殖最好选用优质全价饲料。⑥水质管理：养殖期间，抓好水质培养是降低养殖成本的有效措施，同时符合泥鳅的生理生态要求，可弥补人工饲料营养不全和摄食不均匀的缺点，还可以减少病害的发生，提高产量。泥鳅放养后，使用优质饲料，并根据水质情况适时施用底质改良剂、水质保护解毒剂等，以保持水质一定的肥度，使水体始终处于活、爽的状态。

（2）心得　①成功来源于善于学习、总结：每个成功都包含很多艰辛、无数的失败，必须从艰辛中认知，从失败中总结，通过学习他人长处，认识自己的不足，经过多年的研究及努力，终于破了泥鳅开口、气泡病、寸片、大规模死亡等难题。②成功来源于先进技术的应用：2013年初，重庆海然泥鳅养殖专业合作社便开始使用微孔增氧技术，改表层增氧为底层增氧，持续不断的微孔增氧为水体提供了充足的溶解氧，水体自我净化能力得以恢复提升，菌相、藻相自然平衡，构建起水体的自然生态平衡系统，泥鳅养殖群的生存能力稳定提高，充分保障养殖效益。③成功来源于成熟实用的成套的实用养殖技术：重庆海然泥鳅养殖专业合作社自成立以来，也曾经历了无数次的失败，在不断总结、摸索基础上，通过实践积累了一套非常成熟实用的泥鳅养殖技术，成功地实现了泥鳅半人工、全人工的繁育和鳅苗的育成。

5. 上市和营销

重庆海然泥鳅养殖专业合作社经过几年的不断发展，不断扩大，在当地已成为家喻户晓的养殖大户，其繁育的鳅苗和养殖的成鳅都供不应求，产品已销重庆、成都、广州等全国大中城市，同时也销往江津、渝北、巴南、万盛、永川等周边区县；为了帮助周边村民养好泥鳅、能致富，合作社总经理胡达帮助他们跑资金、跑饲料、跑泥鳅成品销售，向养殖户介绍养殖信息、传授养殖经验；根据大量农户提出的要求和意见，也为解决一直以来野生泥鳅苗成活率低的问题，扩展新的育苗池，组建专业人工泥鳅苗生产线，满足农户对泥鳅苗的需求量。

在该合作社的带动下，南川已发展泥鳅养殖大户8家，带动重庆周边泥鳅养殖户18家，养殖水面超过80公顷，真正形成了"专业合作社＋农户"的经营管理模式，取得了较好的社会效益。

（四）实例四

1. 养殖户基本信息

重庆建恩水产品养殖公司位于重庆市永川区何埂镇丰乐村。该地交通方便、网络健全，有区内最大的生态水库及支流做优质水源，采用池塘高效繁养泥鳅模式，建有泥鳅标准化养殖池29口，孵化池60口，占地面积约17公顷。该公司法人苟建恩曾从事工业生产、物流商贸行业，2011年投资成立重庆建恩水产品养殖公司，建成一家以泥鳅养殖为核心，科研、教学、种苗繁育、技术培训、生产销售为一体的新型农业综合企业和繁养基地。养殖场配套设施齐备，注册了"民乐丰"商标，在生产中采取了"公司＋农户"的养殖模式，带动周边30余家农户发展泥鳅养殖（图3－28、图3－29）。

图3－28　重庆建恩水产品养殖公司的菜鳅种养

2. 放养与收获情况

具体放养情况见表3－8。

图3-29　重庆建恩水产品养殖公司养殖场全貌

表3-8　泥鳅的放养与收获

养殖品种	放养			收获		
	时间	规格（尾/千克）	每667米²放养量（千克）	时间	规格（克）	每667米²产量（千克）
泥鳅	2013年10月13日	210	167	2014年10月25日	19	527
泥鳅	2014年5月27日	280	134	2014年11月12日	15	485

3. 养殖效益分析

2014年每667米² 成本19 350元，包括池塘承包费1 000元、苗种费11 700元、饲料费5 500元、渔药费150元、人工费600元、水电费200元以及其他养殖过程中发生的直接或间接费用200元。每667米² 平均产泥鳅510千克，市场价格50元/千克，每667米² 产值25 500元，每667米² 利润6 150元。全场总产值632.4万元，总利润152.5万元。

4. 经验和心得

（1）养殖技术要点　①养殖池的要求：选择水源丰富、水质清新、进排水方便的养鱼池塘。池塘面积 667~3 335 米²，水深要求为 55~65 厘米，池埂坡比为 1~1.2。②放养泥鳅：放养前 10 天，清整鳅池，用浓度为 10 毫克/千克的漂白粉清塘。放养前 4 天加注新水。泥鳅放养前用浓度为 3‰~4‰的食盐水浸泡 4~5 分钟消毒。放养密度为每 667 米² 放养 5 厘米以上的苗种 35 000 尾左右。同池放养的泥鳅要求规格均匀、无病无伤。③水质调节：通过施放有机肥，调节水色为黄绿色，透明度为 30 厘米左右，pH 为中性或弱酸性。池水温度保持在 25~28℃，当水温超过高限时马上加注井水降温，保持水位在 50~60 厘米。④科学喂养：投放泥鳅种苗 5 天后开始少量投饵，饲料以专用颗粒饲料为主，逐步诱食、驯化，当泥鳅对投饵形成条件反射时加大投饵量，逐步增加到泥鳅体重的 3‰~4‰。⑤日常管理：主要是加强巡塘，观察泥鳅的活动情况、水质变化情况、泥鳅吃食情况、设施运转情况等，并做好记录。

（2）**心得** ①局部采取立体综合种养，水下养鳅，水上种菜，既调节水质，又为泥鳅提供遮阴场所。②注重池塘硬件设施建设，建立池塘进排水口和空中全方位防护体系，防止敌害生物入侵。③养殖产品出现不容易捕捞出池，或者市场价格不理想时，易面临销售难，养殖场通过配套建设恒温暂养池予以解决。

5. 上市和营销

该公司建立健全了产、供、销一条龙服务体系，养殖的产品可放置于恒温暂养池暂养，并通过设置的产品专销店，根据季节、价格变化情况沽价销售，获取最佳利润。

（五）实例五

1. 养殖户基本信息

汇祥泥鳅养殖专业合作社位于重庆市垫江县高安镇新曲村，附近有洁净、充沛的山泉水，合作社负责人汤胜峰 2011 年建设完成 5.2 公顷的标准化泥鳅池塘，开展泥鳅养殖，同时进行泥鳅的人工繁殖试验（图 3-30、图 3-31）。2012 年建立起 2 000 米² 的孵化

图 3-30　汇祥泥鳅养殖专业合作社养殖场全貌

图 3-31　汇祥泥鳅养殖专业合作社泥鳅繁殖车间

培育池，2013 年孵兑水花 2 000 多万尾。2014 年合作社在西南大学专家的指导下，大规格苗种培育技术有了一个质的飞跃，2014 年一共繁殖出泥鳅水花 5 000 多万尾，5 厘米以上的大规格苗种成活率达到了 31%。

2. 放养与培育情况

待培育池水色变绿色，透明度保持在 15 厘米时，可放入泥鳅苗进行培育，放苗密度为 1 500～2 000 尾/米^2。当泥鳅长至 3 厘米时，要及时筛选分塘，密度为 60～80 尾/米^2。在苗种投放的过程中应注意：放养前先进行试水，放苗时充氧气袋要置于池塘中，等袋内外水温一致时，再将苗种缓缓放出。泥鳅苗体长小于 2 厘米前，根据水色情况，应适量追肥。水温低时，每立方米水体每次施速效硝酸铵 2 克；水温较高时，每立方米水体施尿素 2.5 克。一般隔天施一次，连续施 2～3 次，以后则根据水质肥度调节施肥浓度与间隔时间，水色以黄绿色为好，水深控制在 30 厘米以内，透明度控制在 20 厘米左右。同时，每 20 万尾苗种用 1 千克黄豆磨成 15 千克豆浆，每天早晚各泼洒 1 次。饲养 3～5 天后可改喂水蚤、轮虫及捣碎的丝蚯蚓或蚕蛹。经过 10 天左右的培育，鳅苗长到 1 厘米左右时，已经能摄食水中的昆虫幼虫、枝角类及有机碎屑等，可投喂打碎的动物内脏、血粉和豆饼等。每天上午、下午各投 1 次。开始时每天投喂量为鳅苗体重的 2%～5%，以后随着鳅苗生长日投喂量可增加到鳅苗体重的 8%～10%。

3. 养殖效益分析

每 667 米^2 成本包括承包费 702 元、设施费 2 000 元、饲料费 800 元、人工费 296 元、水电费 36 元，其他养殖过程中发生的直接或间接费用 200 元，合计成本为 4 034 元，每 667 米^2 销售收入 9 000元，利润将近 5 000 元。

4. 经验和心得

(1) 养殖技术要点　①亲鳅的培育：特别是在冬季，对来年作为亲鳅的应该加强营养，提高饲料的动物蛋白含量，增强亲本的体质，在培育过程中尽量雌雄分池培育。②精确催产：催产过程中要注意的是一些细节问题，如果解决不好，容易造成产卵量的下降，因此在选择良好的催产药物和精确剂量的前提下，还应该注意催产方法的不断改进，特别是注射针的长度和泥鳅的注射方法。③提早开食：在泥鳅刚孵化出来时，要及时地提供开口饵料，因此，开口饵料的培育就成了关键，施肥不能太早也不能太迟，同时应防止水质的恶化和气泡过多的产生。④转食过程是关键：泥鳅苗种规格达到 2 厘米后，逐步加深水位到 50 厘米。除继续培肥水质外，还应投喂配合饲料，每天上午、下午各 1 次，日投饵量为泥鳅体重的 4%～10%。另外投饵量应视水质、天气、摄食情况灵活掌握，水温 15℃以上时，泥鳅食欲随水温升高而增强；25～27℃时，食欲特别旺盛；28℃以上，食欲逐渐减退；超过 30℃或低于 12℃时，应少投甚至停喂饲料。

(2) 心得　该养殖场泥鳅人工繁殖的特点包括：①严格的雌雄比例搭配；②孵化过程中的严格水温控制；③开口饵料的定向培育。

5. 上市和营销

①展开媒体宣传，通过互联网的功能，扩大自己的知名度；②让购买者亲身体验，来场地实地参观体验；③提供优质良好的售后服务，提供必要的养殖技术。

第四节　泥鳅水泥池高效养殖技术

水泥池养殖泥鳅占地小、投资少、见效快，利用农村房前屋后的闲置土地来修建水泥池养殖泥鳅，不仅节省土地、便于管理，而且经济效益较高。

一、养殖设施准备

（一）水泥池建设

泥鳅养殖用水泥池的大小和形式可以根据计划养殖规模和具体地理位置而定，一般有地上式水泥池（图 3-32）、地下式水泥池（图 3-33）或半地上式水泥池（图 3-34）三种形式。长方形池便于拉网，容易修建，池底向短边应有 2%～3% 的倾斜度，圆形养殖池排污能力较强，底面中心为全池最低处。水泥池池深要求 1.5 米以上。池壁多用砖、石砌成，水泥光面，壁顶设约 12 厘米

图 3 - 32　地上式水泥池

图 3 - 33　地下式水泥池

图 3 - 34　半地上式水泥池

图 3 - 35　水泥池上方遮阳棚

的防逃倒檐（约半块砖），池底先打一层"三合土"，其上铺垫一层油毛毡或加厚的塑料膜，以防渗漏，然后再浇上一层厚 5 厘米的混凝土。泥鳅蹿逃能力强，池壁一定要高出水面 50 厘米以上。为了防止夏季太阳的曝晒和高温，水泥池上方宜搭建遮阳棚（图 3-35），或者架设丝瓜棚，这样不仅适合泥鳅的避光性，在炎热的夏季还可起到降温作用，也可出产一定量的丝瓜。

（二）排灌设施

良好的排灌设施能够方便排水和加注新水。排水口一般设置在水泥池底部最低处，其直径为 10～20 厘米，其上用直径 60～80 厘米、高度 1.0～1.2 米的圆桶状滤网罩住，既能防止鱼逃逸，又能避免因吸附污物而影响排水。在排水口上可设一活动的竖立圆管，将该管从排水口拔出，则可排尽池水；该管的高度即为池水的深度，可根据需要设计管的高度，池水从该管上部排出，即为溢水口，可以维持池水深度，管的上部需用滤网罩住，防止泥鳅逃跑。进水口应高于池水水面，水源如为地表水，进水口应用滤网（40目筛绢）罩住，防止敌害生物进入；如为地下水，在加水时应有一段曝气的过程，以便地下水增温、增氧。

（三）放养前的准备工作

新建的水泥池在放养之前必须经过脱碱处理，具体有以下几种方法。

（1）**水浸法** 在新建水泥池内注满水，浸泡 1～2 周，每周换一次新水，使水泥池中的碱性降到适宜水平。

（2）**过磷酸钙法** 新建水泥池内注满水，按每立方米水体溶入过磷酸钙 1 千克，浸泡 1～2 天。

（3）**醋酸法** 用 10％的醋酸（或食醋）擦洗池表面，然后注满水浸泡 2～3 天。

（4）**酸性磷酸钠法** 新建水泥池内注满水，每立方米水体溶入20 克酸性磷酸钠，浸泡 2 天。经过脱碱处理后的水泥池，必须用水清洗干净，曝晒 4～5 天。

然后用生石灰消毒：每平方米水体水深 10 厘米，用量为100 克，全池泼洒。或用漂白粉消毒：每平方米水体水深 10 厘米，用量为 6 克，全池泼洒。24 小时后将消毒液排净。也可放进肥泥 15～20 厘米，池中有淤泥，既可供泥鳅摄食栖息，又有利于培肥水质。可利用有机肥熟肥培育水质，为泥鳅提供天然饵料，具体方法为：注入新水 50～70 厘米，有机肥的用量为 0.7～0.8 千克/米^2，用蛇皮袋装好分放池中，蛇皮袋袋口用绳扎紧，在袋的两侧扎几个小洞，当水质过肥时，将蛇皮袋拉上岸，当水质偏瘦时，将蛇皮袋浸入水中，10 天后即可投放泥鳅苗。

二、鳅种放养

泥鳅的养殖有两种形式：当年鳅种（人工繁育的鳅种）直接养成和隔年鳅种（捕获的野生鳅种）养成。养殖周期一般为 5～9 个月。放养的鳅种要尽量挑选无病无伤，游动活泼，体格健壮，规格尽量保持一致。鳅种在下池前要进行严格的鱼体消毒，杀灭鳅种体表的病原生物，并使泥鳅种处于应激状态，分泌大量黏液，下池后能防止池中病原生物的侵袭。可用 10～20 克/米^3 的聚维酮碘溶液浸泡消毒 10 分钟。鳅种来源有从人工繁育场购买、自行人工繁殖、市场购买、诱捕等，依条件而定。人工繁殖的泥鳅种规格均匀，生长也较为整齐。5 月上旬至 6 月中旬从市场购买泥鳅种规格不整齐，需要按不同规格，进行分池养殖。在市场上购买泥鳅种时，需要防止购入使用电捕、药捕的泥鳅种，否则影响鳅种成活率。投放前先用 3‰～4‰食盐水将鳅种浸泡 8～10 分钟，于晴朗的上午进行投放。当年苗种的放养规格 3～5 厘米，密度 200～300 尾/米^3；隔年苗种的放养规格 6～8 厘米，密度 100～200 尾/米^3。

三、饲养管理

（一）饲料

泥鳅为杂食性鱼类，饲料来源广阔，水泥池高效养殖泥鳅的饵料可以选用人工配合饲料和天然饵料。天然饵料种类丰富，包括轮虫等小型水生动物、诱集的昆虫（在水泥池上方高低搭配安装适量诱虫灯，高的离水面 2.5～3.0 米，诱集幼虫靠拢，低的离水面 0.2～0.4 米，使昆虫由于趋光性而掉入水中，成为蛋白质来源）、人工培养的蚯蚓等。人工配合饲料可以购买泥鳅专用饲料（膨化颗粒和沉性颗粒），也可以自己加工。

（二）饲喂

泥鳅养殖饲料投喂遵循"四定"原则：定时、定量、定位、定质。

（1）**定时** 每天投喂 3 次，时间大约在 06:00、13:00、20:00。一般以 1～2 小时吃完为宜。

（2）**定量** 每天的饲料投喂量占泥鳅苗种总重量的 4%～7%，不可投喂过多，否则泥鳅会因为贪食导致消化不良。投喂量还需根据水质、温度、天气等情况进行调整。当水温高于 30℃ 或低于 12℃ 时少喂或不喂；放养野生苗种时，放养后 1 星期内投饵量应为正常量的 50%，驯化适应后再进行正常投喂。

（3）**定位** 鳅种下池后 2 天即可投喂米糠、麦麸或商品饲料，之后每隔 1～2 天投喂 1 次。前几次大面积投喂，后逐渐缩小范围，最后用筛绢做成圆形食台，将泥鳅驯化至食台（图 3-36）吃食，以观察吃食情况。

图 3-36 泥鳅食台

（4）**定质** 饲料组成要相对恒定和适口新鲜，坚决不喂变质饲料。

（三）日常管理

1. 水质控制

饲养泥鳅要求水"肥而爽"，溶氧量要大于 2 毫克/升，pH 保持在 7.5 左右，透明度在 40～50 厘米。有些养殖户在进行成鳅饲养时，采用投喂饲料并辅以施肥的方法，池水较肥，水质变化快，如果发现池水过浓，发黑发臭，泥鳅不停地蹿出水面进行肠呼吸（吞气）或浮头时，则应停止施肥并及时加注新水，提高池水的溶氧量，换水量及次数为春秋季间隔 7 天换池水的 1/3，夏季间隔 3 天换池水的 1/5～1/4。

2. 光温控制

水泥池养殖泥鳅，光照和温度需要控制好，春秋季需要阳光照射，夏季需要遮阳。水泥池水温应控制在 30℃ 以下，以不超过 28℃ 为佳。可以在池子上方设置遮阳网、丝瓜棚和加换新水。加换新水时要注意新水的量和温度，保证换水前后水温变化不超过 5℃。

3. 有害藻类的控制

青泥苔（图 3-37）是泥鳅池中常见的有害藻类，常生长在池

图 3-37 青泥苔

壁、滤网、饲料台，消耗水体中的养分使水质变得清瘦，败坏水质，同时还能缠绕泥鳅。一旦发现青泥苔必须清除，可用 0.7 克/米³ 的硫酸铜溶液全池泼洒清除。

4. 观察摄食情况

每天投喂饲料时都应观察泥鳅聚集、摄食状态和生长情况，10～15 天抽样 1 次，抽查测算泥鳅生长速度、饲料系数，以便调整日投饵量和饲料配方。

5. 防逃、防病、防敌害

水泥池养殖泥鳅容易出现泥鳅逃逸、发病与敌害侵扰现象，造成产量下降，因此养殖期间，必须坚持每天早晚巡池，检查进出水口，防止泥鳅逃跑。在下大雨时应及时清理进出水口，防止出水口堵住导致水漫过池埂，泥鳅随水逃逸。做好防范老鼠、蛇、鸟等敌害生物工作。放养前对养殖池和鳅种消毒，防止病害发生，每月投喂大蒜素 1 次，每次连喂 3～6 天，起到清热解毒、增强泥鳅体质、预防肠炎的作用；每 10 天清洗消毒食台 1 次；每 15 天每公顷用生石灰水 225～300 千克，或浓度为 2 毫克/千克的漂白粉溶液，或 0.5 毫克/千克的硫酸铜与硫酸亚铁合剂（5∶2）全池泼洒。

四、捕捞收获

经过 4～5 个月的饲养，可以适时捕捞上市。一般在 10 月下旬，当水温降至 12～15℃时，用地笼网捕捞。为了提高捕捞效果，可以向池中加水。最后，排干净水，在池中间开挖排水沟，使泥鳅往沟中集中，然后用手抄网捕捞。

五、泥鳅水泥池高效养殖实例

1. 养殖户基本信息

江苏省南通市如东县双甸镇高前村村民。

2. 放养与收获情况

放养与收获情况详见表 3-9。

表 3-9 泥鳅放养与收获

养殖品种	放养			收获		
	时间	规格	放养量（万尾）	时间	规格（克）	每 667 米² 产量（千克）
泥鳅	2013 年 6 月 1 日	水花	15	2013 年 11 月 15 日	7.5	352

3. 养殖效益分析

养殖经济效益分析详见表 3-10。

表 3-10 经济效益分析

项 目		数量	单价	总价（元）
成本	池塘承包费	—	—	—
	苗种费 泥鳅	15 万尾	每 1 万尾价格 120 元	1 800
	饲料费 配合饲料	—	—	3 060
	饲料费 其他	—	—	—
	饲料费 小计	—	—	—
	药费 生石灰	—	—	440
	药费 微生态制剂	—	—	—
	药费 经济作物用药	—	—	—
	药费 小计	—	—	440
	其他 肥料（千克）	—	—	—
	其他 电费（千瓦时）	—	—	300
	其他 人工（工时）	—	—	—
	其他 折旧	—	—	300
	其他 小计	—	—	600
	总成本	—	—	5 900
产值	单项产值 泥鳅	352 千克	34 元	11 968
	总产值	—	—	11 968
总利润		—	—	6 068

4. 经验和心得

(1) **池塘条件**　水泥池 15 米^2（15 米×1 米×1 米），为东西向长方形结构，底质为水泥；土池面积 680 米^2，池长 34 米、池宽 20 米、池深 0.7 米，呈东西向，水泥池采用膜片式增氧机增氧，功率为 0.5 千瓦，土池未设置增氧机。

水泥池、土池采用生石灰带水清塘。泥鳅水花下池前 7 天，水泥池、土池注水 40 厘米，水泥池生石灰用量 0.15 千克/米^2，土池生石灰用量为每 667 米^{2}100 千克，将生石灰溶化，趁热全池泼洒。

(2) **水源**　为保证水质，本试验点采用井水作为养殖用水水源。

(3) **夏花鱼种培育**　于 2013 年 6 月 1 日，从苏州奥博生物科技有限公司泥鳅繁育场购买泥鳅水花 15 万尾，投放于水泥池内进行培育。培育期间投喂"天邦牌"微粒饲料，每天投喂两次，每次 0.25 千克。

水泥池水深保持在 40 厘米以上，夏花培育期间每 3 天换水一次，每次换水 1/3；24 小时开启增氧机，防止泥鳅苗因缺氧死亡。

泥鳅苗在水泥池培育 15 天后，规格达到 2.5 厘米，用拉网将泥鳅夏花捕出，并移入已清好塘的土池中进行成鱼养殖。经计数，共捕捞出夏花鱼种 7.5 万尾以上。

(4) **成鱼养殖**　2013 年 6 月 16 日开始，在土池中开始进行泥鳅成鱼养殖。①投喂：试验期间主要投喂"海大牌"颗粒饲料，在土池中设置 4 个食台，将饲料投喂于食台上，以便观察泥鳅摄食情况，根据泥鳅摄食情况和天气情况适度增减投喂量。每天投喂 3 次饲料，早、中、晚各 1 次，每次投喂 2 千克。②水质管理：土池内近 1/3 的水面自然生长了稗草，为泥鳅提供了阴凉，所以没有将水草人工拔除。③防病：该试验期间，鱼病以预防为主，在做好彻底清塘和水质管理工作后，未见鱼病发生。④防逃、防敌害：土池进、出水口用网兜套住，防止泥鳅逃跑。土池上方 40 厘米设有防护网，网目尺寸为 3 厘米，以防止鸟类等敌害生物捕食泥鳅。

第五节　泥鳅与河蟹混养技术

一、养殖池塘准备

(一) 池塘选择与处理

面积 6 670～13 340 米^2，深 1.5 米，沿塘四周开挖 10 米宽的 "回" 形沟，环形沟内取土建埝、沟深 0.8 米，池埝坡比为 1：3，池底淤泥厚度低于 0.3 米。

精养池塘在早春一般每 667 米^2 用 60～75 千克生石灰兑水全池泼洒。对水草螺蚌等水生生物资源丰富的池塘，一般不做处理，但需在冬季干冻、曝晒 1 个月。

防逃设施：用 0.7 米高的加厚塑料薄膜在边埝内侧设置围栏，薄膜埋入土内 0.1 米，高出土面 0.6 米。

(二) 种草与投放螺蛳

1. 水草栽培

将蟹池用加厚聚乙烯网片或薄膜分隔成蟹种暂养区和水草栽培区。暂养区在池塘清整后随即移植伊乐藻，水草栽培区在蟹种放养前后种植水草，主要是伊乐藻、轮叶黑藻、金鱼藻、苦草（一般是 2～3 个品种间隔种植）。一般 2—3 月栽种伊乐藻，每 667 米^2 栽 100 千克；3—5 月分期播种苦草，每 667 米^2 种苦草籽 100 克；4—5 月，移栽金鱼藻和轮叶黑藻，每 667 米^2 栽 185 千克（其中金鱼藻占 70%），在池塘水体中形成至少 3 种以上的水草种群。确保水草覆盖率在中后期达到 60% 以上。

2. 螺蛳投放

清明节前每 667 米^2 投放螺蛳 200～400 千克。确保河蟹从蟹种到商品蟹生长过程中均有适口的鲜活饵料，既可节约人工配合饲料，又可确保河蟹的生长。同时，能够清除残饵，提高水体的自净能力。

二、苗种放养

(一) 蟹种

1. 品种选择

不同水系的河蟹种群，其生长具有明显的区域性，一般不建议移植不同水系的蟹种。长江、淮河流域应该选择长江水系的蟹种较为适宜，在东北、西北地区以辽河水系的蟹种更为适宜。

2. 规格

蟹种要求大小整齐，体色正常，体质健壮，活动敏捷，附肢完整，足爪无损（包括爪尖无磨损），色泽光洁，无附着物，无病害，性腺未发育成熟，规格为80～120只/千克的1龄蟹种。

3. 放养时间

池塘养蟹不宜放养过早，否则，会因为池塘水温过低而冻伤或冻死，一般2月底至4月初放养，放养时水温8～15℃，应避开冰冻严寒期。放养密度为每667米²350～600只。

4. 蟹种消毒

将蟹种放入水中浸泡2～3分钟，冲去泡沫，提出放置片刻，再浸泡2～3分钟，重复3次，待蟹种吸足水后，用3‰～5‰的食盐水或$1×10^{-4}$的"新洁尔灭"溶液充气药浴15～20分钟，再分散放入网围暂养区内。蟹种放养初期，先将蟹种放养在暂养区内培育，长江流域5月底、6月初时，螺蛳已繁殖到一定数量，水草已全部长至30～50厘米时，再将暂养区围网拆掉，让蟹进入池塘中养殖。

(二) 鳅种

5—6月，每667米²放养泥鳅种15～20千克，规格为500尾/千克左右。泥鳅的要求及消毒与池塘养殖泥鳅相同。

(三) 其他品种放养

3—4月，每667米²放养鲢、鳙20尾，鲢、鳙比例为2∶1，规格为 3～4 尾/千克，主要用于调节水质。

三、饲养管理

（一）水质管理

1. 水位调节

3 月放种时，为了提高池塘水温，水位保持在 0.5～0.6 米，4 月后，随着水温的升高，视水草的长势，每 10～15 天注水 1 次，使水位提高 10～15 厘米；7—8 月，水位保持 1.5 米；9—10 月，水位保持 1.2 米。

2. 适时换水

平时定期或不定期加注新水，一般每 15 天换水 1 次，高温季节每周换水 1 次，每次换水量为池水的 20%～30%。河蟹蜕壳高峰期不换水，雨后不换水，水质较差时多换水。

3. pH 调节

每 15 天泼洒一次生石灰水，用量为每 667 米^2 池塘 1 米水深 10 千克，保持池水 pH 为 7.5～8.5。生石灰的定期使用，既可以调节 pH，也可以增加水体钙离子浓度，促进河蟹的蜕壳生长。

4. 定期使用微生物制剂

经常使用微生物制剂，可以促进池水中有益微生物形成优势菌群，抑制致病微生物的种群生长、繁殖，降低病害发生率。同时，有益微生物可以分解水中有机废物，提高溶氧量，改善水质。因此应定期地向水体中泼洒光合细菌、芽孢杆菌等微生物制剂。特别是高温季节换水困难的池塘，应每周使用微生物制剂 1 次。

（二）水草养护

水草既是河蟹的天然饵料，又是栖息、蜕壳的场所，而且对于改善和稳定水质有积极作用。蟹池的水草决定着河蟹的养殖效益。因此，养护水草就成为池塘重要的日常管理工作。各种水草养护方法因品种不同略有差异。

1. 沉水植物的养护

当巡塘发现池塘下风处有新鲜水草茎叶聚集时，说明河蟹因为饵料不足大量取食水草，因此此时需增加人工饲料投喂量，满足河蟹摄食需求，河蟹取食水草的强度就会立即下降，水草可以得到保护。为便于观察，每天巡塘时，应及时捞除漂浮起来的水草。

此外，伊乐藻怕高温，水温超过28℃以上时，应加高水位，或刈割水面以下30厘米内靠近水面的水草，保证伊乐藻始终处于水面以下30厘米处。

2. 漂浮植物的养护

在沉水植物不足，或因为养护不当，造成沉水植物被破坏时，应移植水葫芦、水花生等漂浮植物。这些植物既可以提供一定的绿色饲料，也可以起到隐蔽作用，高温季节，还能起到遮阳降温作用。漂浮植物繁殖过盛时，会覆盖全池，影响水质稳定和河蟹生长。应将这些漂浮植物拦在固定区域，或捆在一起，限制移动，避免对河蟹养殖产生负面影响。

（三）投饲管理

河蟹：前期3—4月投喂配合饲料，搭配少量野杂鱼，蛋白质含量30%～35%，投饲量占蟹重1%～3%；5—6月以动物性饲料投喂为主，投饲量占蟹重8%～10%；7月以植物性饲料投喂为主，例如，南瓜、玉米、小麦等，以小鱼为辅。投饲量占蟹重5%～10%（动物性饲料占10%～15%）；8—10月以动物性小杂鱼为主，辅以南瓜、玉米、小麦等，投饲量占蟹重5%～8%。每天投喂2次，08:00—09:00时投喂日投饲量的30%，17:00—18:00时投喂日投饲量的70%。投饲量以投饵后1～2小时基本吃完略有剩余为标准，不得过量投喂。投喂时要沿池塘四周将饲料均匀投在浅水区，并根据季节、天气、水质及河蟹设施情况，做到晴天多投，吃食旺时多投，阴天少投，水温低时少投，闷雨天不投，蜕壳时不投，水质恶化不投。

泥鳅：在整个养殖过程中不另投饲料。

增氧：高温季节，蟹池中各种动植物都要消耗氧气，因此，夜晚或连续阴雨的天气，水体溶氧量低，必须采取增氧措施。配备增氧设施的要多开增氧机，没有增氧设备的池塘应备足化学增氧（粉）剂，当发现河蟹爬草或上岸时，及时使用，防止因缺氧造成损失。

（四）病害防治

①春天因水质较瘦，容易生青苔，在晴天中午施用"青苔灵"杀灭青苔。②在饲料中添加大蒜头，防止肠炎病的发生。用量为每100千克饲料加大蒜头3～5千克。③每月用土霉素、中草药等拌饲投喂3～4次，预防河蟹"颤抖病"等疾病的发生。

（五）做好池塘管理日志

工作人员应将苗种放养情况、投饲量、捕捞销售情况及早、中、晚巡塘情况等日常管理情况详细记录，并根据养殖规律，及时制订下一步管理计划。

四、泥鳅与河蟹混养实例

1. 养殖户基本信息

江苏省淮安市科苑渔业发展有限公司，从事河蟹养殖多年，2013年开展河蟹池套养泥鳅养殖试验，每667米^{2}增加效益1 816元。

2. 放养与收获情况

放养与收获情况详见表3-11。

表3-11　泥鳅、河蟹、鲢、鳙放养与收获

养殖品种	放养			收获		
	时间	规格	每667米^{2}放养量	时间	规格	每667米^{2}产量（千克）
泥鳅	2013年5月25日	220尾/千克	15千克	2013年10月10日	28克/尾	43
河蟹	2013年3月12日	120只/千克	600只	2013年11月2日	131克/只	61
鲢、鳙	2013年5月5日	4尾/千克	5千克	2013年11月25日	2 600克/尾	52
鳜	2013年7月1日	6～7厘米/尾	15尾	2013年11月25日	560克/尾	6

3. 养殖效益分析

养殖经济效益分析详见表3-12。

表3-12　经济效益分析

项　　目			数量	单价	总价（元）
成本	池塘承包费		26 680 米^2	每667 米^2 价格600 元	24 000
	苗种费	泥鳅	600 千克	28 元/千克	16 800
		鲢、鳙鱼种	200 千克	7 元/千克	1 400
		鳜鱼种	600 尾	1.5 元/尾	900
		河蟹	24 000 只	0.3 元/只	7 200
		小计	—	—	26 300
	饲料费	配合饲料	8 400 千克	6 元	50 400
		其他	6 000 千克	4.4 元	26 400
		小计	—	—	76 800
	药费	渔药	—	—	4 000
		微生态制剂	—	—	12 000
		小计	—	—	16 000
成本	其他	肥料（千克）	—	—	2 000
		电费（千瓦时）	—	—	6 000
		人工（工时）	—	—	50 000
		折旧	—	—	800
		小计	—	—	58 800
	总成本		26 680 米^2	每667 米^2 成本5 047.5 元	201 900
产值	单项产值	泥鳅	1 720 千克	42 元/千克	72 240
		鲢、鳙	2 600 千克	6 元/千克	15 600
		鳜	240 千克	50 元/千克	12 000
		河蟹	2 440 千克	90 元/千克	219 600
	总产值		26 680 米^2	每667 米^2 产值7 986 元	319 440
	总利润		26 680 米^2	每667 米^2 利润2 938.5 元	117 540

4. 经验和心得

（1）**主要技术措施**　①池塘条件：池塘为标准的河蟹养殖塘，进排水设施完善。②设施设备：池塘安装微孔增氧设施。③河蟹、鳅种放养：河蟹、鳅种放养密度低，河蟹每 667 米^2 放养 600 只，泥鳅每 667 米^2 放养 15 千克，计 3 300 尾。④饲料投喂方式：沿池塘四周在浅水处均匀投放。⑤养殖管理措施：一是在河蟹生长前 4 月采用饲料厂家生产的全价配合饲料投喂，9 月后改用小杂鱼投喂；二是经常检查河蟹吃食情况，保证河蟹正常生长；三是在整个养殖周期，基本不换水，每周使用自制的微生物制剂 1 次，保持水质"肥、活、嫩、爽"；四是每隔 15 天用 15 毫克/升的生石灰消毒 1 次。

（2）**心得**　①移栽了伊乐藻、轮叶黑草、苦草 3 个品种，保证在整个养殖期，水草茂盛。②在河蟹养殖期间，基本不换水，用生物制剂调节水质。③该企业负责人从事河蟹育苗、养殖工作近 20 年，养殖经验丰富。该试验用的河蟹苗种是其自行培育的 1 龄蟹种。

第六节　藕田养殖泥鳅

莲藕在我国有 3 000 多年的栽培历史，是广受大众喜爱的水生蔬菜之一，也是出口创汇的重要农产品。莲藕在我国分布广泛，资源丰富，主要栽培区在长江流域和黄淮流域。近年来，为了提高莲藕的种植效益，江苏开展藕田养殖泥鳅试验（彩图 17），取得了明显的成效。试验表明：莲藕塘中有丰富的泥鳅天然饵料，如底栖动物、水生昆虫、小型软体动物、甲壳动物等（第一年养殖可以不投饵料），泥鳅养殖能明显提高水体利用率，有效增加藕田收入。

一、藕池建设

面积 1.3～2 公顷，池深 70 厘米，藕田应水量充足，排灌方便，土质肥沃多腐殖质。放鳅种前要夯实田埂，并加宽加固。进、排水口要加防逃网。田埂四周最好用聚乙烯网片围起，以防泥鳅打洞，网片下端埋入地下 20 厘米，上端高出田埂面 30 厘米；或在田埂内侧铺 1 层塑料薄膜，下端埋入土中 30 厘米左右，上端覆盖在埂面上。藕田的四周及中间开挖"田"字形、"井"字形沟，沟宽 1.5 米、深 30～50 厘米，在进、排水口挖鱼坑面积 3～5 米^2，深 80 厘米，沟与坑相通，同时安装进排水管道，并在进、排水口设置防逃护栅。

藕田的沟坑面积应占藕田总面积的 10％～25％。开挖沟坑是为了增加泥鳅活动空间，盛夏时泥鳅可入沟避暑，同时便于夏秋季节捕捞。

种藕前 15～20 天，田间工程完成后，将藕田翻耕耙平。在翻耕前施基肥，一般每 667 米^2 施腐熟厩肥 800～1 000 千克，然后每 667 米^2 用生石灰 80～100 千克消毒。

二、种藕栽培

(一) 种藕选择

①种藕应选择具有优良性状的品种，如慢藕、湖藕、反背肘、鄂莲二号、鄂莲四号等。②种藕应藕大，芽旺，无病虫害，后把节较粗，具有本品种特征。亲藕、大子藕均可作种藕，种藕必须粗壮，至少有 2 节以上充分成熟的藕身，顶芽完整，单支重在 250 克以上。③种藕的节部和藕身都不能挖破，防止泥水灌入，引起腐烂。④种藕应该新鲜。种藕应随挖，随选，随栽，不宜在空气中久放，以免芽头失水干枯。

(二) 种藕时间

4 月，当气温上升到 15℃以上时就可栽种，一定要在种藕顶芽萌动前栽种完毕。

(三) 排藕技术

一般早熟品种密度要大，晚熟品种密度要稀，瘦田稍密，肥田稍稀。株行距一般为 200 厘米×200 厘米或 150 厘米×200 厘米，每 667 米^2 栽种芽头数 500～600 个，重量 250～300 千克。栽种时先将藕种按一定株行距摆放在田间，行与行之间各株交错摆放，四周芽头向内。其余各行也顺向一边，中间可空留一行。田间芽头应走向均匀。栽种时将种藕前部斜插泥中，入土的深度 10～12 厘米，尾梢露出水面。种藕要随挖随栽。

（四）藕池水位调节

莲藕适宜的生长温度为 21～25℃，因此藕田的水位应按前期浅、中期深、后期浅的原则加以调节。生长前期水位保持 5～10 厘米的浅水，有利于水温、土温升高，促进萌芽生长。生长中期（6—8 月）水位加深至 10～25 厘米，荷叶枯后，水深下降至 10 厘米。冬季藕田内不宜干水，应保持一定深度的水层，防止莲藕受冻。

三、放养泥鳅种

（一）鳅种选择

选择体质健壮、体形匀称、规格一致、活力强、无病、无伤的鳅种，规格要求 4～6 厘米/尾或以上。同一块藕田放养的规格应基本一致。

（二）放养时间

放养时间以 5 月上旬至 6 月中旬为宜。

（三）放养密度

放养规格 4～6 厘米以上的鳅种每 667 米^2 放养 2 万～2.5 万尾；若放养当年早育的 3 厘米左右的鳅种，放养量可增加到 2.5 万～3 万尾。放养前用 0.3 毫克/升的溴氯海因浸泡 10～15 分钟消毒。鳅种放养时不要在一个地方投放，要多点投放于藕田中。

四、日常管理

（一）饲料投喂

藕田套养泥鳅，一般不需另外投喂人工饵料，但放养量大，每 667 米² 计划产量超过 60 千克时，藕田天然饵料则满足不了泥鳅生长需要，必须进行人工投喂，否则泥鳅生长慢，个头小，效益差。藕田养殖泥鳅，投饵要做到"四定"：定质、定量、定时、定位。

（1）**定质** 做到不喂变质饲料，饲料要新鲜适口。在鳅苗投放后的前 15 天，可将粉状配合饲料调成糊状投喂，随着泥鳅的长大，根据泥鳅长势和数量，逐渐增加掺入成鳅饲料，即将豆饼、米糠等植物性饲料加上鲜活小鱼虾等，再拌上泥鳅配合饲料投喂。配合饲料中植物性饲料和动物性饲料比例大约在 6：4，养殖中后期要适当提高饲料蛋白质含量，以动物性饵料为主，或者增加动物性饲料的投喂量，以利于成鳅增肥。

（2）**定量** 每天的投喂量占泥鳅苗种总重量的 4%～7%。

（3）**定时** 莲藕池套养泥鳅，每天 08:00—09:00，17:00—18:00 投喂 1 次，一般以 1～2 小时吃完为宜。

（4）**定位** 将泥鳅驯化到食台吃食，以便观察吃食情况。每天投喂量应根据天气、温度、水质等情况随时调整。当水温高于 30℃或低于 12℃时应少喂或不喂。

（二）田水管理

藕田水位的调控既要满足莲藕生长发育的需要，又要考虑泥鳅生活、生长的要求，并且在不影响莲藕生长的情况下，尽量提高水位，以尽可能地给泥鳅提供一个较大的水体生活空间。莲藕栽种初期，为了促使莲藕早日发芽，最好保持水位 10 厘米左右；随着气温的升高，及时加注新水，提高水位至 20 厘米；6 月初，水位升至最高。7—9 月，每半月换水 10 厘米，采取边排边灌的办法。秋分后气温下降，荷叶枯死，这时应降低水位，水位控制在 25 厘米左右，以提高地温，促进藕的充实。在整个养殖过程中，田水的透明度保持在 20～30 厘米，pH 保持在 7～7.5，溶氧量保持在 3 毫克/升以上。

（三）适时追肥

莲藕除施以基肥外，在生长期间还应进行合理追肥。施追肥应做到既要满足莲藕生长的需要，又不能伤害泥鳅。第一次施追肥在藕下种后 30～40 天，此时第 2、第 3 片立叶出现，每 667 米^2 施腐熟的有机肥 150 千克。第二次施追肥在小暑前后，此时田藕基本封行。如长势不旺，过 7 天后再施肥一次。施肥时应选晴天上午进行。施追肥时 1 次施肥量不要过大。以尿素、钾肥等作追肥时，可先放干藕田水，使泥鳅集中于沟、溜内，然后全田普施，使之迅速与田土结合，以更好地被莲藕根部吸收。

（四）莲藕施药

给莲藕施药要尽可能地选用低毒、高效、低残留并对泥鳅没有危害的农药。要严格掌握药物的用量，不可随意提高农药的浓度。施药时要加深田水，最好分片施药，也可采取一边进水，一边出水的方法，以使混有药液的田水及时排出去。

（五）鳅病预防

养殖期间，每隔 20～25 天用生石灰化浆全田泼洒 1 次，重点泼洒地点是鱼沟、鱼溜，同时在饲料中添加防病药物防止发生泥鳅疾病。

（六）防逃、防敌害

每天坚持巡田 3 次，发现田埂坍塌应立即修补加固好，如果进、排水口拦鱼设施被杂物堵塞或有破损时，要及时将杂物捞除，对破损的要进行修补。特别是下大雨时要增加巡田次数，防止水位急剧上升造成漫田逃鳅。

对藕田里的老鼠、蛇等敌害生物应及时清除；严防水鸟以及家禽（如鸭子）等进入藕田。

泥鳅的起捕可使用地笼网（图3-38）。

图3-38　地笼捕捞

五、藕田养殖泥鳅实例

1. 养殖户基本信息

江苏省淮安市淮安区南闸镇白河村董齐亮，养殖莲藕多年，2013年开展莲藕池套养泥鳅养殖试验，每667米²增效益2 148元。

2. 放养与收获情况

放养与收获情况详见表3-13。

表3-13　泥鳅、莲藕放养与收获

养殖（种植）品种	放养（种植）			收　获		
	时间	规格	每667米²放养量（种子）	时间	规格	每667米²产量（千克）
泥鳅	2013年6月10日	3厘米/尾	2.5万尾	2013年11月1日	18克/尾	56.2
莲藕	2013年6月10日	—	250千克	2013年12月21日	—	1 520

3. 养殖效益分析

养殖效益分析详见表3-14。

表3-14 经济效益分析

项 目		数量	单价	总价（元）
成本	池塘承包费	33 350 米²	每667 米² 价格600 元	30 000
	苗种费 泥鳅	125 万尾	每1 万尾400 元	50 000
	苗种费 莲藕	12 500 千克	3 元/千克	37 500
	苗种费 小计			875 00
	饲料费 配合饲料	—	—	—
	饲料费 小计	—	—	—
	药费 药	—	—	15 000
	药费 小计	—	—	15 000
	其他 肥料（千克）	—	—	50 000
	其他 电费（千瓦时）	—	—	3 000
	其他 人工（工时）	—	—	50 000
	其他 折旧	—	—	800
	其他 小计	—	—	103 800
	总成本	33 350 米²	每667 米² 成本4 726 元	236 300
产值	单项产值 泥鳅	2 810 千克	40 元/千克	112 400
	单项产值 莲藕	76 000 千克	3.6 元/千克	273 600
	总产值	33 350 米²	每667 米² 产值7 720 元	386 000
总利润		33 350 米²	每667 米² 利润2 994 元	149 700

4. 经验和心得

(1) 主要技术措施 ①池塘条件：池塘中间挖"井"字形沟，

沟宽 1.5 米、深 30 厘米，周围挖"口"字形沟，沟与沟相连；在进、排水口挖 3～5 米²、深 80 厘米的鱼坑，沟与坑相通。进、排水设施完善。②鳅种放养：每 667 米² 放养人工繁育泥鳅夏花 2.5 万尾。③饵料：在整个生产季节，不投喂人工饵料，泥鳅以吃天然饵料为生。④养殖管理措施：一是定期追肥，每星期施腐熟发酵的鸡粪肥 1 次，每次每 667 米² 为 20～30 千克；二是莲藕喷药前，先排干池水，让泥鳅入沟，下药后，采取边排边灌的方法，迅速将残留的农药去除；三是在夏天高温季节，每周冲水 1 次，采取边排边灌的办法；四是每隔 15 天用 15 毫克/升的生石灰消毒 1 次。

（2）心得 ①施足基肥，及时追肥。②在整个养殖过程中，没有投喂饲料。③该养殖户从事莲藕种植多年，具有丰富的种植经验。同时该试验得到了上海海洋大学水产养殖专业教授的技术指导。

第七节　稻田养殖泥鳅

水稻田里具有丰富的微生物和幼虫，可为泥鳅提供大量的天然饵料，而泥鳅的排泄物又能肥田。泥鳅对高温比较敏感，盛夏时水稻能成为泥鳅良好的遮阳物，田水深度及稻田生态环境适合泥鳅的生长发育需要。同时泥鳅在稻田中钻洞栖息疏通田泥，有利于肥料的分解，促进水稻根系发育。泥鳅捕食害虫，减少水稻病虫害，从而减少施放农药造成的危害。稻田养鳅比单独种植水稻的农田少用 2 次杀虫药物，少施 1～2 次追肥，水稻产量可提高 10%，因此采用水稻田饲养泥鳅，不但能促进水稻丰收和促使鳅高产，也具有一定的生态效益。

一、稻田养殖泥鳅的类型

（一）平田式稻田养殖

平田式稻田养殖的方式要求田埂高 50～70 厘米，顶宽 50 厘米左右。田内开挖鱼沟或鱼溜（图3-39），沟深30～50厘米，沟的上面宽30～50厘米，建好防逃墙，在进、排水口设拦鱼栅。此种方式因其水体小，单产较低。

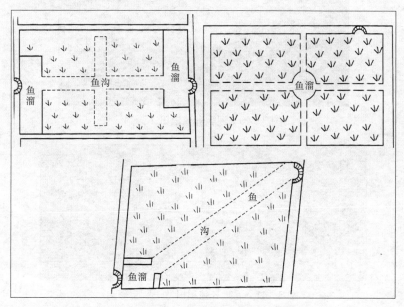

图3-39 平田式养鳅鱼沟、鱼溜设计图

（二）沟凼式稻田养殖

沟凼式稻田养殖指在稻田中开挖沟和凼（小坑塘），做到沟与凼相通，既有利于养鱼，又可增强稻田抗旱保收能力。可以根据田块大小及形状分别开挖"一"字形沟、T形沟（图3-40）、"井"字形沟、"十"字形沟（图3-41）或"田"字形沟，沟宽50厘米，深30厘米或至硬度层，大田在沟的交叉处开长200厘米、宽100厘米、深70～100厘米的鱼凼，供泥鳅在稻田晒田时栖避。鱼沟、凼的面积占稻田面积的5%～10%。

图3-40　泥鳅养殖稻田 T 形沟

图3-41　泥鳅养殖稻田"十"字形沟

（三）宽沟式稻田养殖

宽沟式稻田养殖指在稻田中或田边开设宽沟。这种养殖方式增加了田间蓄水量和鱼类活动空间，提高了鱼类产量。其和沟凼式都是引进池塘养鱼技术发展起来的一种稻田养殖方式。

（四）流水坑沟式稻田养殖

流水坑沟式稻田养殖是借鉴流水养殖技术而发展起来的集约化程度较高的稻田养殖技术，在稻田的进水口一端距进水口1米处开挖深1~1.5米、面积占稻田面积4%~8%的流水坑，与田面交接处设高15厘米、宽20厘米的小田埂，小田埂与田间设2~4个缺口，使坑内水与田内水相通，此外坑也可设在田中央，田的中央设

"十"字形中央沟，田四周设一圈环沟。沟的宽、深均为 25 厘米，沟坑要相通。

二、放养前准备

消毒是泥鳅苗种放养前必须进行的一个步骤。因为即使最健壮的鱼苗鱼种，也难免带有一些病原，如不经过消毒处理，把病原带入新的环境，一遇到合适条件就会大量繁殖引起鱼病。

常用的消毒方法有：①用 10～20 克/米^3 的聚维酮碘溶液浸泡消毒 10 分钟；②每立方米水体用高锰酸钾 10 克，制成水溶液，浸洗鱼种 20 分钟；③用 3‰～4‰的食盐水溶液浸洗育种 5 分钟；④每立方米水体用硫酸铜 8 克，制成水溶液，浸洗鱼种 15～30 分钟。

操作过程要特别注意鱼种动态，把握好浸洗时间，浸洗时间长对病原杀灭较彻底，但时间过长，水中溶解氧不足会引起鱼的浮头或死亡，一般浸洗时间须根据鱼种状况和水温高低进行调整。

三、鳅种放养

稻田饲养商品鳅有精养和粗养两种。稻田精养泥鳅一般在秋季稻田收割后，先选好稻田，搞好稻鱼工程建设，整理好田面。翌年水稻栽秧后，待秧苗返青排干田水，让太阳曝晒 3～4 天，每 667 米^{2}的田块，撒米糠 134～167 千克，翌日再施有机肥 335 千克使其腐烂，然后蓄水，当田面水深 15～30 厘米时，每 667 米^2 投放体长 5～6 厘米的鳅种 50～100 千克。稻田粗养泥鳅比较简单，只要加高、加固田埂，进、排水口建好拦鱼设备，有条件的开设鱼沟、鱼凼。当水田栽秧返青后，田面蓄水 10～20 厘米，每 667 米^2 稻田放鳅种 30 千克左右。

四、日常管理

（一）饲喂

稻田精养泥鳅是以人工饵料为主，对鱼种、投饵、施肥、管理等均有较高的技术要求，单产较高；粗养主要是利用稻田中的天然饵料进行养殖，成本低，用劳动力少，单产也低。

精养泥鳅稻田放鳅后的田面不要经常搅动，第1周不必投饵料，1周后每隔3～4天投炒麦麸和商品饲料，也可混投少量蚕蛹粉。开始投饵时将饵料均匀地撒在田面上，以后逐渐缩小食场，最后将饵料投放在固定的鱼凼里，以利于泥鳅集中吃食和秋末捕捞。待泥鳅正常吃食后，主要投喂商品饲料或麦麸、豆渣、蚯蚓等混合饵料。泥鳅喜欢夜间觅食，因此每天傍晚投饵1次，投饵量为泥鳅总重的3%～5%。投饵要"四定"投饵，种类和时间依水温而调整。一般水温在22℃以下时，以投喂植物性饵料为主；水温在22～25℃时可投喂动、植物性混合饵料；水温在25～28℃时以投喂动物性饵料为主。夏季可以在沟凼上方架棚遮阳。在饲养期间要注意经常换水防止水质恶化。稻田养殖泥鳅生长很快，秋末捕捞时，一般体重都在10克以上，每667米²稻田可产泥鳅100～300千克。

稻田粗养泥鳅不投人工饲料，但依靠稻田追施有机肥，借以培养浮游生物和底栖生物作为泥鳅饵料。夏季高温季节，应尽量加深田水，以防泥鳅烫死。经过几个月的饲养，每667米²稻田可产泥鳅60～100千克。

（二）施肥与用药

稻田合理施肥，不但可以满足水稻生长的营养需要，促进水稻增产，而且能够加快浮游生物繁殖，为泥鳅提供丰富的饵料，所以施肥对水稻和泥鳅生长都有利。但施肥过量或方法不当，会对泥鳅产生有害作用。因此，必须坚持以基肥为主，追肥为辅；以有机肥为主，化肥为辅的原则。

稻田养殖泥鳅后，由于泥鳅的增肥作用，土壤有效磷、有效硅酸盐、有效钙、有效镁、有机质含量均高于未养鳅田。稻田施肥以钙镁磷肥和过磷酸钙为主。钙镁磷肥施用前应先和有机肥料堆沤发酵后使用，在堆沤过程中微生物和有机酸的作用可以促进钙镁磷肥溶解，提高肥效。堆沤时将钙镁磷肥拌在10倍以上质量的有机肥料中沤制 1 个月以上。过磷酸钙与有机肥料混合施用或厩肥、人粪尿一起堆沤，不但可以提高磷肥肥效，而且过磷酸钙容易与粪尿中的氨化合，减少氮素挥发，对保肥有利。用氮肥结合磷钾肥作基肥深施可提高利用率，也可减少对鳅种的危害。

施肥时，基肥占全年施肥总量的 70%～80%，追肥 20%～30%。注意施足基肥，适当多施磷钾肥，严格控制用量（表 3 - 15）。对鱼有影响的主要是化肥，如果按常规用量施用，鱼类一般没有危险。若施放量过大，水中化肥浓度过高，就会引起水质恶化，影响鱼类生长，甚至引起鱼类死亡。

表 3 - 15　几种常用化肥安全用量

基肥化肥类型	硫酸铵	尿素	硝酸钾	过磷酸钙（严禁与生石灰混用）	碳酸铵（5 天后放鱼）	长效尿素（3～4 天后放鱼）	人畜粪肥
每 667 米^2 用量（千克）	10～15	5～10	3～7	5～10	25	25	300

若用碳酸铵代硝酸铵作追肥，必须制成球肥深施，每 667 米^2 施用量为 15～20 千克，若用蚕粪等有机肥作为追肥，应经充分发酵后再使用。酸性土壤的养鱼田，常施用石灰，中和土壤酸性，提高过磷酸钙肥效，有利提高水稻结实率。稻田中可以适当使用生石灰调节水质，减少病虫害，加速鱼类生长，但使用过量对鱼有毒害作用。

稻田用药防治病虫害时，要选用效果好、毒性低、降解快、残留少的高效低毒农药。稻田养殖泥鳅常用的杀虫、杀菌的农药品种主要有杀螟松、稻丰散、优得乐、叶枯灵、稻瘟灵、多菌灵、井冈霉素、杀虫双等。防治时必须按规定的用量和浓度用药。甲胺磷、敌敌畏等有机剧毒农药应禁止使用。

为了确保鱼类安全，养鱼田施用各种农药防治虫害时应先加深田水，稻田水层应保持在 6 厘米以上，如水层低于 2 厘米时，会给鱼类的安全带来威胁；病虫害发生季节往往气温较高，一般农药随着气温的升高而加速挥发，也加大了对鱼类的毒性；喷洒时尽量洒在水稻茎叶上以减少农药落入水中，这样对鱼种更为安全；施药时也要掌握适宜的时间，粉剂宜在早晨稻株带露水时撒，水剂宜在晴天露水干后喷，下雨前不要施药；喷雾时喷雾器喷嘴伸到叶下，由下向上喷。使用毒性较大的农药，可采取一面喷药、一面换水，或先将田水放干，驱使鱼类进入鱼沟、鱼凼内。为防鱼沟、鱼凼中泥鳅密度大、水质恶化缺氧，应每隔3～5天向鱼凼内充一次新水，等药力消失后再向稻田里灌注新水让鱼类游回田中。也可采用对稻田分片施药，第1天对半块田进行施药，隔天对另外半块田施药。

五、泥鳅稻田养殖实例

（一）实例一

1. 养殖户基本信息

安徽省宣城市宣州区水阳镇吴村刘宗发，共计13口池塘，池塘养殖面积62 031米²，于2013年5月13日至2013年11月15日进行泥鳅、幼蟹和水稻混养。

2. 放养与收获情况

放养与收获情况详见表3-16。

表3-16　泥鳅、河蟹放养及水稻种植和收获

养殖（种植）品种	放养（种植）			收获		
	时间	规格	每667米²放养量（种子，千克）	时间	规格	每667米²产量（千克）
泥鳅苗（43 355米²）	2013年5月15日	800尾/千克	1.54	2013年11月1日	5克/尾	60
成鳅（18 676米²）		80尾/千克	1.5		14.28克/尾	3.33
水稻	2013年5月13日		1.25	2013年9月30日		175
河蟹	2013年5月13日	12万～15万只/千克	1.5	2013年11月15日	5.56克/只	135

3. 养殖效益分析

养殖效益详见表3-17。

表3-17 经济效益分析

项 目			数量	单价	总价（元）
	池塘承包费		62 031 米^2	每667 米^2 价格600 元	55 800
成本	苗种费	泥鳅苗 43 355 米^2	100 千克	72 元/千克	7 200
		成鳅 18 676 米^2	42 千克	30 元/千克	1 260
		混养河蟹	1.5 千克	480 元/千克	720
		混养水稻	1.25 千克	90 元/千克	112.5
		小计	—	—	9 292.5
	饲料费	自加工饲料	—	—	13 500
		开口饵料	1 600 千克	9 元/千克	14 400
		小计	—	—	27 900
	药费	渔药	—	—	11 160
		小计	—	—	11 160
	其他	电费	3 720 千瓦时	0.55 元/千瓦时	2 046
		人工	4 工时	17 500 元/工时	70 000
		折旧	93	300	27 900
		小计	—	—	99 946
	总成本		62 031 米^2	每667 米^2 成本 2 194.6 元	204 098.5
产值	单项产值	泥鳅	3 900 千克＋ 93.33 千克	30 元/千克	117 000＋ 2 800
		混养河蟹	12 555 千克	70 元/千克	878 850
		混养水稻	16 275 千克	20 元/千克	325 500
	总产值		62 031 米^2	每667 米^2 产值 14 238.17 元	1 324 150
	总利润		62 031 米^2	每667 米^2 利润 12 043.6 元	1 120 051.5

4. 经验和心得

（1）**池塘条件** 池塘 13 口，共计 62 031 米²，池深 0.8 米、水深 0.7 米，呈东西向，池埂安装防渗农膜，放苗前 15 天进行生石灰带水清塘，每 667 米² 用生石灰 75 千克。水源充足，周边无污染源。进排水方便，交通方便。

（2）**养殖管理** 于 2013 年 5 月 15 日，投放泥鳅水花，规格为 800 尾/千克，每 667 米² 投放 1.5 千克；2013 年 5 月 13 日每 667 米² 投放大眼幼体蟹苗 1.5 千克，规格为 15 万只/千克；2013 年 5 月 13 日播撒稻种，每 667 米² 1.25 千克。苗种入池后投喂开口饵料，每天 2 次，投喂时间为 08：00 和 17：00，每 667 米² 每天投喂 33 千克。投喂开口饵料 5 天后，改投自加工配合饲料，每天 2 次，投喂时间不变，每 667 米² 每天 25 千克。

夏花培育期间每 15 天换水一次，每次换水 1/3；午夜开启增氧机，防止泥鳅苗因缺氧死亡。5—9 月每 15 天左右使用一次微生态制剂，20 天左右使用一次底质改良剂。7—9 月加大换水量以防水质恶化。

（3）**防逃、防敌害** 池埂安装钙塑板防止幼蟹外逃及敌害入池。培育池进出水均经筛绢布过滤。

（二）实例二

1. 养殖户基本信息

重庆市垫江县周嘉镇均田村李行飞，于 2010 年开始在该区域进行整体土地流转约 16.7 公顷，自筹资金 300 万元创立重庆段家坝生态养殖有限公司（图 3 - 42）。通过硬化加固田埂，开展稻田养鳅综合种养。

2012 年建设 1 200 米² 的孵化培育池，开展泥鳅苗种繁育工作，通过 1 年探索实践，2013 年孵化泥鳅水花 2 000 多万尾，每 667 米² 产量突破 100 千克，当年实现产值 76 万元，利润达到 13 万元。2014 年一共繁殖出泥鳅水花 5 000 多万尾，培育出大规格泥鳅苗种 2 000 多万尾，稻鳅养殖单产达到 118 千克，实现产值

138 万元，利润达到了 43 万元。

图 3-42 重庆段家坝生态养殖有限公司养殖场一角

2. 放养与收获情况

收获与放养情况详见表 3-18。

表 3-18 泥鳅的放养与收获

放 养			收 获		
时间	规格 （尾/千克）	每 667 米² 放养量 （千克）	时间	规格 （克/千克）	每 667 米² 产量 （千克）
2010 年 5 月 19 日	469	16.2	2010 年 9 月 25 日	21.6	49.1
2011 年 5 月 20 日	409	30.5	2011 年 9 月 19 日	26.3	101.6
2012 年 5 月 19 日	498	46.38	2012 年 9 月 25 日	25	143
2012 年 5 月 19 日	536	42.9	2012 年 9 月 25 日	22	146.2
2013 年 5 月 20 日	396	51.1	2013 年 9 月 18 日	29	150.7
2014 年 5 月 22 日	408	53.6	—	28	149.8

3. 养殖效益分析

每 667 米^2 成本包括稻田承包费 643 元、苗种费 1 200 元、饲料费 1 000 元、人工费 96 元、水电费 27 元，其他养殖过程中发生的直接或间接费用 200 元，每 667 米^2 合计成本为 3 070 元，销售价格为 30 元/千克，每 667 米^2 销售收入为 4 390 元，利润为 1 320 元。

4. 经验和心得

(1) 养殖技术要点　①稻田的选择：应选择水源条件好、土质疏松肥沃、保水保肥性能强、便于管理的稻田。同时要加高加固田埂，泥鳅种苗放养前要施足有机肥，并用生石灰对稻田进行全面消毒。②选用良种：泥鳅品种好坏直接影响产量。因此，应选择具有生长快、繁殖力强、抗病的人工繁殖的泥鳅苗种。③放养时间和密度：稻田插秧后即可开始放养，放养规格宜大不宜小，应注意养殖泥鳅的稻田不宜同时混养其他鱼类。④田间管理：放养泥鳅的稻田，要做到专人负责管理，给水稻治虫时选用高效低毒农药，可按常规用药量施用，应做到喷施农药时采用灌深水，喷嘴伸至叶下，由下向上的施药方法。由于泥鳅栖息于泥中，一般来说，养殖泥鳅的稻田采取上述方法施用农药、化肥比稻田养殖其他鱼要安全得多，但必须禁止使用毒杀芬、呋喃丹以及生石灰、茶籽饼等。高温季节，田内适当加灌深水，调节水温，避免泥鳅烫死。平时，要经常检查修复拦鱼设施和及时堵漏洞，严防家禽下田吞食泥鳅。

(2) 心得　李行飞开展泥鳅养殖的特点概括起来只有四句话：①基础硬件重要条件必须要好，水源能保证，不过水、不漏水；②苗种必须要人工繁殖的，野生苗种的生长速度慢；③饲料要跟上，一日不喂，三天不长；④苗种必须要大，不然当年上不了市。

5. 上市和营销

①联系各地的鱼贩，利用他们手上掌握的大量信息和资源；②打好季节差，可以将泥鳅收集、暂养，等到价格高时出售；③自己联系一些食店，减少中间环节。

第四章　泥鳅常见病害的防治

近年来，随着养鳅业的迅猛发展，鳅病日益严重，每年均造成巨大的经济损失。本章主要介绍泥鳅病害的发生原因、诊断方法、预防措施及常见病害的防治方法。

第一节　泥鳅病害的发生原因

泥鳅生长，除了要求有好的生活环境，还需要其具备适应环境的能力。如果生活环境发生了不利于泥鳅的变化或者鳅体机能因其他原因引起变化而不能适应环境条件时，就会发生泥鳅病害。因此，泥鳅患病是鳅体和外界因素双方作用的结果。前者是致病的内因，后者是外因。在诊断和防治泥鳅病害时，不应单独地考虑某一因素，应将内外因素有机地结合起来全面考虑，才能得出准确的结论。

一、泥鳅病害发生的外因

引起泥鳅病害发生的外界因素很多，主要包括生物因素、理化因素及人为因素三个方面。前两个是主要的，而人为因素往往又有促进前两个的作用。

（一）生物因素

生物因素是使泥鳅致病最重要的外界因素之一。泥鳅疾病多由各种病原生物感染、寄生或侵袭而引起，如细菌、真菌以及寄生虫等。另外，还有一些生物直接或间接地危害泥鳅，如水鸟、凶猛鱼类、水蛇、水生昆虫、有害藻类等敌害生物。

（二）理化因素

在泥鳅养殖中理化因素通常主要是指水温、溶氧量、pH 以及水中的化学成分和有毒物质。

1. 水温

泥鳅是变温动物，体温随外界环境条件的改变而改变，若水温发生急剧升降，鳅体因不易适应而发生病理变化，抵抗力下降，导致各种疾病的发生。泥鳅在不同的发育阶段，对水温有一定的要求。鳅苗下塘时要求池水温差不超过 2℃，鳅种不超过 5℃，温差过大，就会引起泥鳅苗种不适应而大量死亡。此外，各种病原也仅在一定的温度条件下才能在水中或鳅体内大量繁殖，导致泥鳅生病。

2. 溶解氧

泥鳅有鳃呼吸、皮肤呼吸和肠呼吸三种呼吸方式，因此泥鳅对低溶氧量的忍耐力较高，一旦遇到水中溶氧量不足，就会浮到水面吞吸空气，在肠管内进行气体交换。因此，泥鳅在溶氧量较低的池水中也能正常地生活。但是，当水中溶氧量过低时，泥鳅的饲料利用率较低，生长缓慢，抗病力下降，容易患病，严重时甚至死亡；水中溶氧量过高也会使泥鳅苗种患上气泡病。一般来说，泥鳅养殖水体的溶氧量至少应保持在 3 毫克/升以上。

3. pH

一般来说，泥鳅养殖水体的 pH 为 7.5～8.5，即中性偏碱性为最适范围。水体中 pH 低于 5 或高于 9.5，一般就会引起泥鳅生长发育不良甚至造成死亡。

4. 水中的化学成分和有毒物质

泥鳅如果长期生活在汞、镉、铅、铬、镍、铜等重金属盐含量较高的水体中，容易引起弯体病或慢性中毒等；若养殖水体中排入大量含石油、酚、氰化物、有机磷农药的污水，则容易引起泥鳅大量死亡。水体中的有机物、水生生物等在腐烂分解过程中，不仅会消耗水中大量的溶解氧，而且还会释放出大量的硫化氢、沼气等有

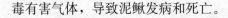

毒有害气体，导致泥鳅发病和死亡。

（三）人为因素

在泥鳅养殖中，引起泥鳅生病的管理和技术上的原因，统称为人为因素。主要有以下几方面。

1. 机械性损伤

泥鳅苗种来源不一，大小悬殊，容易造成泥鳅间互相咬伤而引起细菌或霉菌感染。在苗种运输、放养及拉网捕捞时操作不当，很容易擦伤鳅体，给水中细菌、霉菌侵袭以可乘之机，极易引起继发性感染而致泥鳅生病。

2. 检疫不严

有些泥鳅疾病原来只局限于某个地区，由于没有建立严格的检疫制度，没有认真进行检疫，加上地区间的亲鳅、苗种运输频繁，使得这些疾病迅速蔓延、传播，从而引起流行病的暴发。

3. 放养密度不当和混养比例不合理

放养密度与疾病发生有很大的关系。放养过密会造成溶氧量和饵料不足，引起泥鳅的生长快慢不一，大小悬殊，瘦弱的泥鳅因争食力弱而更加瘦弱。同样，混养搭配比例不当也是致病因素之一。如底层水产动物与上层水产动物搭配不当，超过一般饵料基础与饲养条件，必然导致某些水产动物饵料过剩，造成浪费；而另一些水产动物饵料不足，以至于营养不良，免疫功能降低，为疾病的流行创造了条件。

4. 饲养管理不当

饲料是泥鳅生活所必需，若饲料供应得不到保证，或投喂不清洁、腐烂变质的饲料，或没有根据泥鳅的需要量投喂，都可造成泥鳅生理机能活动的消耗得不到及时补充，使得鳅体瘦弱，从而易发鳅病。在高温季节，如不注意水质调节，泥鳅吃剩的残饵不及时捞除等，也易使泥鳅患病。另外，施肥的种类、数量、时间和肥料处理方法不当，易使水质恶化，有利于病害生物生长，从而引发鳅病。

二、泥鳅病害发生的内因

抗病力是影响泥鳅病害发生的内在因素。实践证明，泥鳅的抗病力除与其免疫力有关外，还与泥鳅的品种、体质及年龄等因素密切相关。不同品种的泥鳅抵抗病害的能力不同，同一品种也有差异。一般杂交的品种较纯种的抗病力强，当地品种较引进品种的抗病力强。体质好的泥鳅其各种器官机能良好，对病害的抵抗力较强，鳅病的发生率较低；反之泥鳅的体质较差，免疫力降低，对病原的抵御能力下降，极易感染而发病。某些疾病的发生和消亡与泥鳅的年龄有关，或仅仅在某个年龄段才患某种疾病。一般来说，泥鳅苗种因其体小嫩弱，免疫功能尚不健全，最易感染病原而发生疾病。

第二节　泥鳅病害的预防

由于泥鳅生活在水中、泥中，其摄食和活动不易观察，一旦开始生病，及时、正确的诊断和治疗都有一定的困难。内服药一般只能由泥鳅主动摄入，才能起到较好的治疗作用。当泥鳅患病较为严重时已失去食欲，即使有较为有效的药物，也很难达到治疗效果。在高密度养殖时，泥鳅很容易因环境不良、投饲不当等因素导致发病，一旦发病就会迅速在个体间传染，以致在短时间内引起群体发病，此时用药物治疗是很难控制的。因此，泥鳅病害的预防工作特别重要。多年来的实践证明，只有贯彻"全面预防，积极治疗"的方针，采取"无病先防，有病早治"的积极方法，才能达到减少或避免疾病的发生。在预防措施上，既要十分重视改善水环境，努力提高机体抗病力，还要注意消灭病原，切断传播途径。

一、控制或消灭病原

（一）建立检疫制度

加强对苗种和亲鳅的检疫，了解泥鳅病原的种类、流行季节及危害性，进而采取相应的措施，减少病原的传播和流行。泥鳅苗种应就近从正规的、有生产经营许可证的单位购买，供苗方应有种苗的合格证书，外地提供的种苗，还应有当地检疫部门出具的检疫合格证。在一口塘中，不要混批投苗，并避免将不同地区的泥鳅苗种共放于同一池塘中。

（二）彻底清塘

池塘是泥鳅栖息的场所，也是病原滋生的场所。统计表明，清塘的病害发生率比未清塘者要低50%～70%。彻底清塘通常包括清整池塘和药物清塘两种做法。

1. 清整池塘

冬季在泥鳅并塘或收捕后，排干池水，封闸、晒池，维修堤埂滩脚、闸门，并清除池底过多淤泥及池边杂草。

2. 药物清塘

药物清塘是除掉野杂鱼和消灭病原的主要措施之一。提倡采用生石灰清塘，效果较好。

（1）**生石灰清塘的作用** 生石灰清塘不仅能杀死塘里的敌害生物和病原，还能改善池塘酸性环境，使池塘呈微碱性，提高池水的碱度和硬度，增加缓冲能力，钙离子浓度增加、pH升高后，可使被淤泥胶粒吸附的铵、磷酸及钾等离子向水中释放，增加水的肥度。

（2）**生石灰清塘的方法** 一种方法是干池清塘，先将池水排干或留水5～10厘米，每100米^{2}面积用生石灰10～30千克，清塘时，在塘四周挖几个小潭（或摆放木桶等工具），让水流入，再把生石灰放入溶化，不待冷却立即均匀遍洒全池（包括滩脚），第二天早晨最好将塘底推耙一遍，使石灰浆与塘泥充分混合，提高清塘效果。另一种方法是带水清塘，每100米^{2}用生石灰20～50千克，将生石灰溶化后趁热全池均匀遍洒。带水清塘可避免清塘后加水时又将病原及敌害带入，效果较好，但生石灰用量大，成本高。清塘后7～10天药性消失后即可放入泥鳅等水产动物。

（三）苗种消毒

清塘消毒过的鳅池，若放养未经消毒处理的苗种，仍会把病原带入池中。尤其是野生苗种或从外地购买的苗种，入池前一定要消毒。苗种消毒通常采用药浴法，一般 50 千克药液可浸洗 3 厘米左右的泥鳅 20 000 余尾，药液使用 2～3 次后应更换。常用的消毒药物及方法有以下几种。

1. 漂白粉消毒

将泥鳅苗种用 10 毫克/升漂白粉水溶液药浴 10 分钟。具体药浴时间视水温高低和鳅体的活动情况灵活掌握。漂白粉消毒能预防泥鳅体表及鳃部的细菌性疾病。

2. 漂白粉与硫酸铜合剂消毒

每立方米水体用漂白粉 10 克和硫酸铜 8 克。使用时应注意将漂白粉和硫酸铜分别溶解后再混合，药浴 20～30 分钟。此法除了能预防泥鳅体表及鳃部的细菌性疾病外，还能预防由原生动物引起的大部分寄生虫病。

3. 高锰酸钾消毒

用 15～20 毫克/升的高锰酸钾水溶液药浴 5～10 分钟，具体消毒时间可根据水温和泥鳅的耐受程度适当调整。除了能预防泥鳅体表及鳃部的细菌性疾病外，还能预防指环虫病和三代虫病等。

4. 食盐消毒

用 30～50 克/升的食盐水溶液药浴 3～5 分钟。可预防泥鳅体表及鳃部的细菌性疾病、水霉病、一些原生动物疾病、指环虫病及三代虫病等。

（四）饲料消毒

对泥鳅投喂的活饵料和肉食性饲料，比如蝇蛆、鱼肉、动物的内脏及畜禽的下脚料等，可用 30～50 毫克/升的食盐水溶液浸泡20～30 分钟；或用 20 毫克/升的高锰酸钾水溶液浸泡活饵 5～10分钟，再用清水漂洗；也可用 0.1～0.2 毫克/升的二氧化氯水溶液养殖活饵 8～10 小时，或用 50～100 毫克/升的二氧化氯水溶液浸泡活饵 10～20 分钟。

（五）工具消毒

对于养殖用的各种工具，一般网具可用 10～20 毫克/升的硫酸铜水溶液、50 毫克/升的高锰酸钾水溶液或 50 克/升的食盐水溶液浸泡 30 分钟，晒干后再使用；木制或塑料制品工具，可用 50 克/升的漂白粉水溶液浸泡 30 分钟，然后用清水洗净后再使用。

（六）食场消毒

食场内常有残余饲料，腐败后可为病原的生长繁殖提供有利条件。除了注意投饵适量、每天捞除残剩饲料和清洗食场外，在疾病流行季节，应定期在食场周围泼洒漂白粉或硫酸铜溶液进行杀菌、杀虫，其用药量要根据食场的大小、水深、水质及水温而定。一般为每立方米水体 250～500 克。

（七）鳅病流行季节前的药物预防

多数鳅病的发生都有一定的季节性，通常在 4—10 月流行。因此，掌握发病规律，及时有计划地在疾病流行季节前进行药物预防（图 4-1），是补充平时预防不足的一种有效措施。

图 4-1　药物预防

对于体外疾病的药物预防，可采用在食场周围挂药袋或药篓的方法使食场周围水域形成一定范围的消毒区，当泥鳅等水产动物来食场摄食时，通过药物形成的消毒区，清除体表和鳃上的病原，从而达到预防疾病的目的。

对于泥鳅体内疾病的药物预防，主要是采用口服法，即将药物拌在饲料中制作成颗粒药饵后投喂。采用药物的种类应随预防的疾病不同而不同，尤其应注意避免多次采用同一种抗生素类药物，以免病原产生耐药性。

二、改良养殖环境条件

泥鳅养殖环境的好坏，直接影响到泥鳅的生长和疾病的发生。因此，在饲养管理过程中，必须采取措施改良泥鳅养殖的环境条件。

(一) 设计和建造泥鳅养殖场时应符合防病的要求

在建场前要对拟建养殖场周边的土质、水文、水质、气象、生物及社会条件等进行调查。尤其是水源一定要充足，水质要清新、无污染。在设计鳅池时，应从生产能力和方便管理两个方面进行科学规划，合理布局，大、小鳅池要配比安排，大池与小池比一般约为 7：3。一般小池的面积为 $500 \sim 2\,000$ 米^2，大池面积为 $2\,000 \sim 4\,000$ 米^2，鳅池应为东西走向，长方形，以增加采光，便于捕捞管理。全场要有主干道，塘口之间交通便利，电力设施到位，灌排水系统独立、仓储、检测器材完备。有条件的，最好配备蓄水池，水经蓄水池沉淀，自行净化，或进行过滤、消毒后再引入池塘，能防止病原从水源中带入，尤其在育苗时更为需要。另外，进排水口应加尼龙网，以防止野杂鱼等侵入和泥鳅逃逸；池塘上应设置防护网，以防止敌害入侵。

(二) 调节水温

泥鳅的适宜生长水温为 $10 \sim 30$℃，最适生长水温为 $22 \sim 28$℃。

当夏季水温超过30℃，冬季水温低于5℃，泥鳅均会潜伏到10～30厘米的底泥中呈休眠状态。为了避免夏季水温过高，应采取加注新水、提高水生植物覆盖面积、搭建遮阳棚等防暑措施。当水温低于5℃时，应采取提高水位、搭建塑料棚或放干池水后在泥土上铺盖稻草等防寒措施，使泥鳅安全越冬。

(三) 改良水质与底质

养殖泥鳅的水质要保持"肥、活、嫩、爽"，pH为7～7.5，溶氧量保持在3毫克/升以上，池水透明度保持在20～30厘米，水色为黄绿色，氨氮、亚硝酸盐及硫化氢等水质指标应尽力保持在泥鳅生长的适宜范围内。

泥鳅对底泥有较强的依恋性，当遇到外界刺激后总是躲入泥中，白天也常潜伏在底泥中。因此如果底泥有机质过多，会滋生大量病菌，泥鳅患病几率也会因此增加。鳅池底部的底泥一般保持在10～15厘米较为适宜。

在泥鳅养殖期间应定期检测水质指标，如发现水质异常，要通过换水、使用生石灰、过氧化钙等环境改良剂等措施来改善和调节水质。在雷雨或闷热天气时要勤注新水，加大换水量，但需注意换水量不能超过池水量的一半。如发现泥鳅频繁蹿出水面呼吸空气，说明水中缺氧，应及时加注新水或开启增氧机增氧。

在泥鳅养殖过程中要适时合理地使用微生态制剂。微生态制剂不仅可以抑制病原菌，增强泥鳅的抵抗力，还能起到改善养殖池水质与底质的作用。目前在水产养殖中较常用的微生物的种类主要有芽孢杆菌、光合细菌、乳酸菌及硝化细菌等，不同的微生态制剂其含微生物的种类是不一样的，不同种类的微生物功效也不尽相同。因此当养殖水体需要改善时应先分析水体的具体情况，再根据不同微生物的作用特点选择使用微生态制剂。不管用哪种微生态制剂，只有当其形成优势菌群后，才能发挥最佳作用。使用微生态制剂一般要4～5天后才开始发挥作用，天气好时2～3天也可见效果，但以7～10天效果最佳。

(四)种植水生植物

通过种植水花生、水葫芦及慈姑等,在夏季高温期可避免水温过高。水生植物可吸收水中的营养物质,防止水质过肥。水生植物的根部也是一些底栖生物的繁殖场所。水生植物还可为泥鳅提供天然饲料。水生植物的种植面积以占水面面积的 10%左右为宜。

(五)放养滤食性鱼类

在成鳅池里放养一些鲢、鳙,能起到净兑水质的作用。每 667 米^2 水面可放养 30～50 克/尾的鲢鱼种 200～300 尾和 30～50 克/尾的鳙鱼种 30～50 尾。

三、增强泥鳅的抗病力

病原能否引起泥鳅疾病,要看泥鳅本身对疾病的抵抗力和外界环境条件。在相同的环境条件下,同品种、同龄的泥鳅,体质弱的易于发病。因此,应采取措施增强泥鳅的抗病力。

(一)改进饲养管理方法

1. 科学投喂

泥鳅一般在水温 10℃时开始摄食,15℃时摄食增加,24～27℃时摄食旺盛,低于 10℃时基本不摄食。投喂饲料要坚持"四定"原则,即定质、定量、定时、定点。"四定"投饲的原则是泥鳅养殖生产中必须遵守的操作规程,也是增强鳅体对疾病抵抗力的重要措施。但是,"四定"不能机械地理解为固定不变,而应根据季节、气候、泥鳅生长情况和水环境的变化而改变,以保证泥鳅能吃饱、吃好,而又不浪费和污染水质。

2. 合理施肥

施肥的作用主要是增加池水中的营养物质,使浮游生物迅速生长繁殖,给泥鳅提供充足的天然饵料和促进光合作用。施肥不得法,也会恶化水质,使泥鳅生病。因此,在施足基肥的基础上,追肥应掌握"及时、少施、勤施"原则，且追肥应以发酵过的粪水或混合堆肥的浆汁为佳，或追施化学肥料。

3. 细心操作，防止鳅体受伤，加强日常防病管理

在拉网、进池、转池及运输等过程中，操作应小心细致，避免泥鳅机体受伤而感染疾病。在进行泥鳅分选操作时，应选用适宜的分选设施，并做好准备工作，尽量避免损伤鳅体或使泥鳅产生应激反应而降低泥鳅的抗病力。日常防病管理的内容较多，主要包括以下几个方面：①定时巡塘。要养成每天早、中、晚巡塘的习惯，注意观察泥鳅的摄食、活动、发病情况以及池水变动情况，以便发现问题能及时采取措施。②定期清理食场，及时捞出残饵及死鱼，勤除敌害和中间宿主，以免病原滋生和传播。③针对目前泥鳅多为高密度养殖，应定期加注新水或换水，排水时要将污物排出。④定期检测池水理化指标并抽样进行病原的检查分析，以便发现问题及时处理。

（二）人工免疫

可在泥鳅饲料中添加免疫增强剂来增强泥鳅的非特异性免疫力。有条件的，还可采用人工方法给泥鳅注射、浸浴或口服菌苗或疫苗，以增强鳅体的特异性免疫力。

（三）培育抗病力强的新品种

泥鳅属中的不同种类可能具有不同的抗病能力，可通过人工杂交、选种等办法来培育抗病力强的新品种。不仅泥鳅种间存在着抗病力的差异，个体之间也存在抗病力的差异。如在发病严重的鳅池里，大多数泥鳅都患病死亡了，但也有少数的泥鳅存活，这些存活下来的泥鳅身体都特别健壮，生长发育也十分迅速。因此可以利用这种个体差异，通过选种有计划地培育抗病力强的新品种。

第三节　泥鳅病害的诊断

为了有效地治疗鳅病，首先必须对鳅病进行正确的诊断，从而做到对症下药，收到应有的治疗效果。因此，能否迅速、正确地诊断鳅病，是鳅病防治的关键。

一、现场调查

现场调查可为全面查明泥鳅发病的原因，及时发现和正确诊断鳅病提供依据。现场调查的内容包括调查泥鳅的发病环境和发病史、水质情况、饲养管理情况、泥鳅出现的各种异常现象、发病情况和曾经采取过的防治措施等。

（一）调查发病环境和发病史

1. 调查发病鳅池周围的环境

了解发病鳅池周围的环境中是否存在污染源或流行病的传播源，鳅池周围的环境卫生，家畜、家禽、螺蚌及其敌害动物在泥鳅养殖场内的数量和活动情况等，对一些急剧的大量死鳅现象，尤其需要了解附近农田施药情况和附近厂矿排放污水情况，在工业污水和农药中，尤以酚、重金属盐类、氰化物、酸、碱、有机磷农药、有机氯和有机砷等对泥鳅等水产动物的危害较大。一旦确诊为中毒死亡，应迅速了解施药的种类或污水中的主要致死化学成分，以便采取应急措施。

2. 调查养鱼史和发病史

新开辟的鳅池，由于养殖的时间不长，一般很少发生细菌性疾病，但很容易发生弯体病。养殖多年的池塘，则容易发生传染病和寄生虫病。因此，需要调查近几年来的养鱼情况和鱼病发生情况。

（二）了解水质情况

1. 水温

水温与鳅病的流行有密切的关系，各种病原都有其繁育生长的最佳温度范围。例如，许多致病菌在水温25℃以上时，毒力显著增强，水温降到20℃以下时，则毒力减弱，使泥鳅病情减弱或停止。又如，斜管虫大量繁殖的适宜水温为12～18℃；小瓜虫生长和繁殖的水温一般在 15~25℃，低于 10℃或高于 26℃时，则停止发育。

2. 水色

观察水的颜色，可大致了解水质情况。水中腐殖质多时，水呈褐色；水中含钙质多时，呈现天蓝色；微囊藻大量繁殖时，水呈铜绿色；城市排出的生活污水，一般呈黑色；当被污染水源污染时，因污水种类和性质不同而出现不同的颜色，如红色、黑色、灰白色等，透明度也会随之大大降低。

3. 其他水质状况

水的溶氧量、pH、氨氮、亚硝酸盐以及硫化氢等的含量与鳅病流行的关系极为密切。有的养殖池数年不清塘，有的网箱长年摆设于一个地方，泥鳅的粪便和残饵大量沉积，当水底溶氧量降低时，厌气微生物发酵分解产生硫化氢，不仅容易使泥鳅等中毒，而且更加剧了溶氧量的缺乏，造成泥鳅浮头或窒息死亡。

（三）了解饲养管理情况

饲养管理不当是引起泥鳅生病的重要因素之一。调查的项目包括清塘药物的种类、剂量和方法，养殖的品种及混养的种类、来源，放养密度，放养时间，放养前是否经过消毒以及消毒的药品种类和消毒方法，饲料的种类、质量、数量和投喂的方法，肥料的种类、来源、数量和预处理的方法，水环境的管理方法等。

（四）了解泥鳅出现的各种异常现象

泥鳅患病后，不仅在身体上表现出症状，而且在鳅池中也表现出各种不正常的现象。有的病鳅身体消瘦，食欲减退，体色发黑，离群独游，行动迟缓，很容易捕捉；有的病鳅成群停留在水面，长时间不下沉；有的病鳅急躁、狂游，或者上跳下蹿；有的病鳅头部朝下，尾鳍露出水面，犹如船帆，缓慢游动；有的病鳅体表充血、出血，黏液脱落等。因此，及时到现场观察泥鳅的活动情况尤其是异常表现对于鳅病的及时诊断和处理具有重要意义。

（五）调查发病情况和曾经采取过的防治措施

调查发病情况，包括了解泥鳅在什么时候发病，同池混养的水产动物是否发病，每天死亡的种类和数量，曾采取什么药物进行治疗和治疗的方法及效果等。

二、肉眼检查

鳅体的肉眼检查，亦称目检。通过目检，可以观察到病原侵袭鳅体后鳅体表现出的各种症状，对于某些症状明显的疾病，有经验的技术人员凭借经验即可作出初步诊断。另外，一些大型病原如较大的寄生虫，肉眼也可观察到。因此在实际生产中，目检是检查鳅病的主要方法之一。采用这种方法诊断鳅病时，要求用于检查的病鳅必须是活的或死后不久的，应将病鳅装在带有原池水的桶或盆里，取样时要保持鳅体湿润，检查要迅速，检查的数量为5～10尾，检查时按体表、鳃和内脏的顺序进行。

（一）体表检查

将病鳅置于白搪瓷盘内，按顺序从嘴、头部、眼、鳃、体表、鳍依次仔细观察。正常泥鳅体表光滑，体色不发黑，鳍条不腐烂，全身无充血，眼睛不混浊、不凸出。在病鳅的体表则可以见到各种疾病的症状和大型寄生虫。根据病鳅表现出的症状，大致可确定为某种类型的疾病。一般细菌性疾病，通常表现出充血、发炎、腐烂、蛀鳍等。如泥鳅背部表皮出血发炎，严重时鳍条烂掉，为赤鳍病（腐鳍病）；鳅体多处发生出血、糜烂、溃疡及穿孔，为溃疡病；泥鳅头顶部、眼睛充血红肿，为"一点红"病。寄生于体表的大型病原如水霉等肉眼就能确定。寄生虫引起的鳅病，常常表现出黏液增多、出血或点状包囊等，例如，大量的车轮虫、小瓜虫、三代虫等寄生虫寄生于泥鳅的体表或鳃时，会刺激鳅体分泌较多的黏液。

（二）鳃部检查

主要是检查鳃丝。健康的泥鳅鳃盖闭合，鳃腔内无淤泥，鳃盖表皮不腐烂，不充血，鳃丝红润、鲜亮。检查时，先看鳃盖是否张开，然后用剪刀小心把鳃盖剪掉，观察鳃丝是否肿胀或腐烂，颜色是否正常，黏液是否增多等。若是细菌引起的烂鳃病，则鳃丝末端腐烂；若是寄生虫引起的鳅病，鳃片上会有较多的黏液。

（三）内脏检查

肉眼检查内脏，主要以肠道为主。首先把病鳅一侧腹壁剪掉，先观察是否有腹水，其次对内脏进行仔细观察，看有无异常现象。如果是细菌性肠炎，可以发现肠腔内无食物，充满带恶臭的黄色黏液，肠内壁充血、发炎，肛门红肿；若发现病鳅肝胆肿大、变色，可能是肝胆综合征。

三、显微镜检查

显微镜检查，亦称镜检，是在情况比较复杂，仅凭肉眼检查不能作出正确诊断而作的更进一步的检查工作。在一般情况下，鳅病往往错综复杂，很多病原十分细小，有必要进行镜检。

（一）镜检注意事项

①要用活的病鳅或刚死的病鳅进行检查。由于鱼死亡后，寄生虫很快随之死去，寄生于鳅体的病原又非常微小，死后往往很快改变形状或腐烂分解，因此时间稍长就很难确定病原。②取样时要保持病鳅身体湿润。因鳅体干燥后，寄生在病鳅体表的寄生虫的形态可能会发生变化，甚至连病鳅的症状也会变得不明显或无法辨认。因此，应将病鳅装在带有原饲养水的桶或盆里拿出来检查。③使用显微镜时，先用低倍显微镜后再转到高倍显微镜检查。④检查病鳅的尾数与肉眼检查相同。

（二）镜检的方法

1. 载玻片法

适用于低倍显微镜或高倍显微镜检查。方法是取下一小块病灶组织或一小滴内含物，放在干净的载玻片上，滴入一小滴清水或盐水，盖上盖玻片，轻轻地压平，先在低倍显微镜下检查，分辨不清或可疑的可再用高倍显微镜检查。

2. 玻片压缩法

用两片厚度为 3～4 毫米、大小为 6 厘米×12 厘米的玻片，先将要检查的组织或者是器官的一部分以及黏液等，放在其中一片玻片上，滴上适量的清水或盐水（注意体表部分或黏液用普通水，体内器官或组织用 0.85％的生理盐水），用另一片玻片将其压成透明的薄层，即可放到低倍显微镜下检查。玻片压缩法对于鳃部的检查不太适宜，因为鳃组织经过压缩，当发现寄生虫而把玻片移动后，反而不容易找到或取出里面的寄生虫。

（三）体表检查

用解剖刀或镊子刮取少许黏液，置于载玻片上，加适量的清洁水或生理盐水，盖上盖玻片，放在显微镜下检查。镜检常可发现车轮虫、斜管虫、杯体虫、小瓜虫、三代虫等寄生虫。若发现白色胞囊，压碎后可看到黏孢子虫。

（四）鳃丝检查

用剪刀将左右两边的鳃完整地取出，先用肉眼检查，后用小剪刀剪取一小块鳃组织放在载玻片上，加入适量的清洁水或生理盐水，盖上盖玻片，放在显微镜下检查。在鳃上能看到的寄生虫有鳃隐鞭虫、车轮虫、斜管虫、杯体虫、黏孢子虫、小瓜虫、指环虫、三代虫等。

（五）肠道检查

剖开腹腔，取出肠道。剪开肠管，取肠壁上的少许黏液，置于载玻片上，加适量的清洁水或生理盐水，盖上盖玻片，放在显微镜下检查，可发现黏孢子虫、复殖吸虫、线虫等。

（六）其他器官的检查

在镜检时，主要对病鳅的体表、鳃、肠道进行检查，但也应注意对其他器官、组织的检查。如血液，镜检时可发现锥体虫，又如胆囊中可发现黏孢子虫。

四、实验室诊断

有些疾病采用现场调查、肉眼检查及显微镜检查仍不能诊断时，应及时采集患病泥鳅和可能含有致病因素的水样或饲料，送实验室进行相应的检查，以便确诊。

（一）饲料和水体中的毒物及饲料营养成分的检测

有些疾病如窒息、中毒或营养性疾病等，常怀疑是饲料或养殖水体中含有有毒物质造成的，此时需要做毒物化验。饲料毒物化验包括饲料中农药、鼠药和砷、铅、汞、镉、氟、氰化物、亚硝酸盐等含量的检测，水体中毒物化验除检测上述毒物外，必要时还需检测氨、酚、硫化氢等。有时还需要对饲料中的蛋白质、碳水化合物、脂肪、矿物质和维生素等进行化验。

（二）病原菌的分离与鉴定

病原菌的分离鉴定是细菌性传染病确诊的经典方法，也是确认新的细菌性疾病的基本方法。由于分离鉴定花时费力，且需要较好的实验条件和丰富的工作经验，对于一些常见病、多发病，常采用其他一些成熟而快速的方法进行诊断，故该法只在必要时应用。做好该项工作的关键是被检材料应是取自具有典型症状的濒死泥鳅，材料必须新鲜未污染，而且必须含有多量活的病原菌。曾用大量抗菌药治疗过的泥鳅不宜用作病原菌的分离。

第四节　泥鳅常见病害的防治

一、细菌性疾病

细菌性疾病是泥鳅养殖业中极为重要的一类疾病，常常引起大量死亡，造成巨大的经济损失。因此，对此类疾病应引起足够的重视。

1. 赤鳍病（红鳍病、腐鳍病、烂鳍病）

（1）**病原**　嗜水气单胞菌，适宜生长温度为 28～30℃，适宜生长 pH 为 5～9。

（2）**症状**　患病泥鳅初期表现为部分或全部鳍条充血发红（彩图 18），鳍条附近的皮膜腐烂，严重时鳍条脱落，肌肉红肿，腹部及肛门周围充血，病鳅常在进水口或池边悬垂，不摄食，衰弱至死。

（3）**流行情况**　此病发病率较高，对泥鳅的危害较大。主要流行于夏季。当泥鳅养殖水体水质恶化，暂养时间过长或鳅体受伤时容易发生。

（4）**预防方法**　①苗种下塘时进行严格的消毒，可用 30～50 克/升的食盐水溶液浸浴 3～5 分钟。②起捕、运输等操作过程要仔细，避免鳅体受到机械损伤。③始终保持良好的水质（可使用微生态制剂），以减少病原菌的繁衍。

（5）**治疗方法**　外用消毒杀菌剂：①每立方米水体用 1 克漂白粉兑水全池泼洒。②每立方米水体用 0.3 克三氯异氰脲酸或二溴海因全池泼洒，每天 1 次，连续 2～3 次。③聚维酮碘溶液（含有效碘 1%），用 300～500 倍的水稀释后全池均匀泼洒，每立方米水体用 4.5～7.5 毫克（以有效碘计），隔天 1 次，连用 2～3 次。内服抗菌药物氟苯尼考，每千克体重用 10～15 毫克（以氟苯尼考计）均匀拌饲投喂，每天 1 次，连用 5～7 天。

2. 白尾病（烂尾病）

（1）**病原**　柱状嗜纤维菌，适宜生长温度为 25～30℃，适宜生长 pH 为 5～11。

(2) 症状 病鳅游动缓慢，食欲减退，严重时停止摄食，鳅体失去平衡，常游于岸边。发病初期鳅苗尾柄部位灰白，随后扩展至背鳍基部后面的全部体表，并由灰白色转为白色，皮肤失去黏液，肌肉充血发炎；鳅苗头朝下，尾朝上，垂直于水面挣扎，严重者尾鳍部分全部烂掉（彩图 19），不久即死亡。在连续阴雨天或水温较低时，常继发水霉感染。

(3) 流行情况 主要危害 6～10 厘米的泥鳅苗种，成鳅不常见，同池混养的鲢、鳙等其他鱼类很少发病。主要流行于春季、夏季及秋季，尤以立秋前后发病较为普遍。在天气多变，水温 22～25℃，池塘淤泥过多，鳅体受伤等诱因存在时易暴发此病。发病率一般在 30%～50%，高的可达 70%，一旦发病传染很快，若治疗不及时，死亡率可高达 60% 以上。

(4) 预防方法 ①及时清除鳅池的淤泥，并用生石灰等彻底清塘。②避免鳅体受伤。③苗种放养前用 15～20 毫克/升的高锰酸钾水溶液浸泡消毒 10～20 分钟。④每立方米水体用三氯异氰脲酸 0.3 克兑水全池泼洒，每 15 天 1 次。

(5) 治疗方法 外用聚维酮碘溶液（含有效碘 1%），用 300～500 倍的水稀释后全池均匀泼洒，每立方米水体用 4.5～7.5 毫克（以有效碘计），隔天 1 次，连用 2～3 次；内服复方磺胺甲𫊱唑粉，每千克体重用 0.45～0.6 克均匀拌饲投喂，每天 2 次，连用 5～7 天，首次用量加倍。施药 7～8 天后，每立方米水体用生石灰 20 克兑水全池泼洒，以调节水质。

3. 赤皮病

(1) 病原 荧光假单胞菌，适宜生长温度为 25～35℃。

(2) 症状 病鳅体表充血发炎，尤以鳅体两侧及腹部最为明显（彩图 20），鳍基部或整个鳍充血；严重时，尾鳍、胸鳍充血并腐烂，鳍端常有缺失，鳍条间软组织多有肿胀，甚至脱落呈梳齿状，常继发感染水霉病。病鳅不摄食，时常平游，浮于水面，动作呆滞、缓慢，反应迟钝，死亡率高达 80%。

（3）**流行情况** 此病的病原菌为条件致病菌，体表无损伤时，细菌无法侵入皮肤，因此主要由于鳅体擦伤和水质恶化而引起。主要发生在高温季节，水温越高，感染越严重，死亡率越高。

（4）**预防方法** ①在放养、捕捞、运输过程中避免碰伤鳅体。②苗种下塘前用5～8毫克/升的漂白粉溶液浸洗10分钟。③养殖过程中保持水质良好。④在疾病流行季节，每立方米水体用0.2～0.3克溴氯海因兑水全池泼洒，每15天1次。

（5）**治疗方法** 同白尾病。

4. 溃疡病

此病感染部位不同，有不同的病名，如打印病、腐皮病、烂口病、烂身病、体表溃疡症、流行性溃疡综合征及穿孔病等，但因是相同疾病的不同发展阶段，故本书将其统一称为溃疡病。

（1）**病原** 目前已发现的致病菌有嗜水气单胞菌、温和气单胞菌、凡隆气单胞菌、创伤弧菌及霍乱弧菌等。

（2）**症状** 发病初期，病鳅体色发黑，离群独游，食欲下降，漂浮于水面，有时不停地游动；头部、口、鳃盖、下颌、躯干部、腹部的皮肤、胸鳍及腹鳍发红，体表某些部位出现数目不等的斑块状出血病灶；剖检内脏无明显病变。发病中期，病灶部位皮肤逐渐溃烂，肌肉坏死，形成大小不等、深浅不一的溃疡，严重时露出红色肌肉（彩图21）；剖检可见脾脏颜色变浅，肝脏肿大有出血点。发病后期，病灶面积进一步扩大，溃烂的深度也加大，严重时露出骨骼和内脏（彩图22）；病鳅腹部膨胀，肛门红肿外凸，剖检可见腹腔有大量腹水，肠内无食物，肝脏、脾脏肿胀或有不同程度出血。此病的累积死亡率可高达60%以上。

（3）**流行情况** 鳅池水质差，投喂过量，鳅体受伤，泥鳅经常处于应激状态，寄生虫感染等是此病发生的诱因。流行于4—10月，水温15℃时即可发生，20～30℃是发病高峰期。病鳅感染后，往往拖延较长时间不愈，严重影响生长发育和繁殖，感染率可高达80%。在治而不愈的情况下引发病鳅逐渐死亡，累积死亡率较高。

（4）**预防方法** ①掌握适宜的养殖密度，不要过度密养。②避免应激反应和引起鳅体受伤，积极控制寄生虫感染。③定期用微生态制剂调节水质，同时投喂添加免疫制剂的保健饲料，提高鳅体抗病力。

（5）**治疗方法**　外用消毒杀菌剂：①在水温较低和水体中有机质浓度较低时，每立方米水体用复合碘溶液 0.1 毫升全池泼洒。②在水温较高和水体有机质浓度较高时，每立方米水体用戊二醛溶液 40 毫克（以戊二醛计）全池均匀泼洒，隔天用苯扎溴铵溶液全池均匀泼洒，每立方米水体用 0.1～0.15 克（以苯扎溴铵计）。内服药：每千克体重用 20 毫克氟苯尼考加 1 克维生素 C 均匀拌饲投喂，每天 3 次，连用 5～7 天。

5. 出血病（细菌性败血症、细菌性败血病等）

（1）**病原**　嗜水气单胞菌。

（2）**症状**　病鳅体表有点状、块状或弥散性充血、出血（彩图23、彩图24）。有的口、眼出血，眼球凸出，腹部膨大、红肿。有的鳃灰白显示贫血，严重时鳃丝末端腐烂。腹腔内积有黄色或红色腹水，肝、脾、肾肿大，肠道内充气，无食物，积有大量液体，肠壁充血。在高温季节急性感染发作时，有些病鳅外表症状尚未表现出来即已死亡。

（3）**流行情况**　此病发展迅速，死亡率高，呈败血症的典型症状，从早春至10月均有发生，以夏季发病率最高，危害严重。

（4）**预防方法**　①用生石灰等彻底清塘。②合理密养和混养。当养殖密度过高时，要分批轮捕疏养，保持池内合理的养殖密度。③苗种下塘时进行严格的消毒，可用 30～50 克/升的氯化钠水溶液药浴 3～5 分钟。④适时换水、增氧，保持水质清新。⑤每隔 10～15 天每立方米水体用二溴海因或溴氯海因 0.2～0.3 克兑水全池泼洒。⑥每隔 10～15 天用恩诺沙星粉均匀拌饲投喂（以恩诺沙星计），每千克体重用 10～20 毫克，每天 1 次，连用 5～7 天。

（5）**治疗方法**　每立方米水体用二溴海因或溴氯海因 0.3 克兑水全池泼洒，隔天 1 次，连用 2～3 次；同时用恩诺沙星粉均匀拌饲投喂（以恩诺沙星计），每千克体重用 10～20 毫克，每天 2 次，连用 5～7 天为一个疗程，病情严重者可再用一个疗程。

6. "一点红"病

(1) **病原** 初步认为是迟钝爱德华菌，此菌的适宜生长温度为 25～32℃，适宜生长 pH 为 5.5～9。

(2) **症状** 病鳅食欲减退，体色发黑，反应迟钝，身体失去平衡，在水中上下旋转，或者头朝上尾朝下在水面来回急速转动。捞起病鳅观察，可见头顶部充血、出血，向上隆起，呈"一点红"症状（彩图 25）。严重时头顶部的皮肤破溃、头盖骨裂开、穿孔，可见白色黏稠状脑组织或有血红色黏液流出。但并不是发生"一点红"病的泥鳅都会出现"裂头"症状，多数病鳅来不及发展到"裂头"阶段就已死亡。该病是一种慢性传染病，一般情况下死亡速度并不快，但病程比较长，短的几天，长的可达 20 天甚至 1 个月以上，累积死亡率较高。

(3) **流行情况** ①斑点叉尾鲴、黄颡鱼及罗非鱼等鱼类对迟钝爱德华菌具有易感性，因此在养殖这些鱼类的区域开展泥鳅养殖或者从这些区域引进泥鳅苗种，容易发生此病。②从苗种到成鳅均可感染，多发生在 6—9 月。③放养密度过大、池塘水温过高、水质恶化、寄生虫感染是主要的诱因。

(4) **预防方法** 由于"一点红"病的感染是自泥鳅脑内到脑外，一旦发病，治疗难度较大，所以预防是关键。应严格执行检验检疫制度，降低泥鳅苗种的放养密度，加强水质管理、饲料投喂管理及日常管理，及时捞除病鳅、死鳅并深埋，还需注意定期检查和杀灭泥鳅皮肤和鳃部的寄生虫。

(5) **治疗方法** ①第 1 天，抽掉部分底层污水，每立方米水体用生石灰 25 克兑水全池泼洒以调节水质、提高池水 pH。②第 2 天和第 3 天，每天上午每立方米水体用硫酸铜、硫酸亚铁合剂（5∶2）0.7 克全池泼洒，下午每立方米水体用二溴海因或溴氯海因0.3 克兑水全池泼洒，或用聚维酮碘溶液（含有效碘 1%）以 300～500 倍的水稀释后全池均匀泼洒，每立方米水体用 4.5～7.5 毫克（以有效碘计）。③内服抗菌药物。氟苯尼考粉，每千克体重用 10～15 毫克（以氟苯尼考计）均匀拌饲投喂，每天 1 次，连用 5～7 天。病情严重时再用一个疗程。

7. 烂鳃病

（1）病原 柱状嗜纤维菌。

（2）症状 病鳅体色发黑，鳃丝肿胀，黏液增多，鳃丝末端腐烂发白，软骨外露，鳃上带有污泥，严重者鳃盖腐烂，俗称"开天窗"（彩图 26）。

（3）流行情况 此病在水温 15℃ 以上时开始发生，在 15～30℃ 时，水温越高越易暴发流行，致死时间也短。一般流行于 4—10 月，尤以夏季流行为盛。养殖密度大，水质差，泥鳅鳃受损是此病发生的诱因。

（4）预防方法 ①彻底清塘。②对鳅池施粪肥时应经过充分发酵腐熟。③苗种下塘前用 15～20 毫克/升的高锰酸钾水溶液药浴 15～30 分钟。④在发病季节，每月全池泼洒生石灰溶液 1～2 次，使池水的 pH 保持在 8 左右。⑤定期用微生态制剂调控水质。

（5）治疗方法 每立方米水体用二氧化氯或三氯异氰脲酸 0.3～0.5 克全池泼洒，隔 2～3 天再用 1 次，连用 3 次；同时每千克体重用氟苯尼考粉 5～15 毫克拌饲投喂，每天 1 次，连续 3～5 天。

8. 肠炎病

（1）病原 肠型点状气单胞菌，在 pH 为 6～12 均能生长，生长适宜温度为 25℃。

（2）症状 病鳅离群独游，行动缓慢，停止摄食。鳅体发乌变青，头部显得特别，腹部膨胀并出现红斑，肛门红肿外凸（彩图 27），严重时轻压腹部有带血黄色黏液流出。剖开腹部有很多腹腔液，肠道内无食物，含有许多乳黄色黏液，肠壁充血发炎呈紫红色。病鳅最后沉入水底死亡。

（3）流行情况 此病主要是由于泥鳅吃了腐败变质食物或水质恶化引起消化道感染所致。严重时可引起病鳅大批死亡。一般从苗种到成鳅均可发病，水温在 18℃ 以上时开始流行，流行高峰期水温 25～30℃。此病常与烂鳃病、赤皮病并发。

（4）**预防方法** ①保持水质清新，坚持"四定"投饲原则，尤其注意勿投喂储存过久或原料已变质的饲料；环境条件突变时，应降低投饲量。②定期用微生态制剂、三黄散和维生素 C 拌饲料投喂。

（5）**治疗方法** 同烂鳃病。

二、真菌性疾病

1. 水霉病

（1）**病原** 水霉菌，我国常见的有水霉和绵霉两属。寄生于鳅卵和鳅体，一般由内外两种丝状的菌丝组成，菌丝为管状、没有横隔的多核体。内菌丝像树根样附着在鱼体损伤处，分枝多而纤细，可深入至损伤、坏死的皮肤及肌肉，具有吸收营养的功能。外菌丝分枝少而粗壮，伸出在鱼体外，可长达 3 厘米，形成肉眼可见的灰白色棉絮状物。

（2）**症状** 鳅卵感染水霉后停止发育，菌丝会大量生长，染病卵粒呈白色绒球状，进而导致胚胎死亡。鱼苗感染时，背鳍、尾鳍均带有黄泥状的丝状物，鱼苗浮于水面，活力减弱，最后消瘦死亡。在鱼种、成鱼阶段，主要是在拉网、转池和运输过程中，因操作不当或机械损伤，使泥鳅体表受伤严重感染水霉菌而引起发病。病鳅行动迟缓，食欲减退或消失，肉眼可见发病处簇生白色或灰色棉絮状物（彩图 28），鳅体负担加重，其后伤口扩大化、腐烂而导致死亡。

（3）**流行情况** 水霉对温度适应范围广泛，一年四季都能感染鳅体，发病的高峰期在每年的早春和晚冬，即水温为 14～18℃时。

（4）**预防方法** ①保持良好的孵化用水水质，抑制水霉菌繁殖；避免鳅体受伤，减少发病几率。②在鳅巢使用前预先用 50 克/升的食盐水溶液或 10 毫克/升的亚甲基蓝水溶液浸泡 1 小时。③亲鳅产后用 10 毫克/升的亚甲基蓝水溶液药浴 20～30 分钟。

（5）**治疗方法** 鳅卵水霉病：①用 5 克/升的食盐水溶液药浴 1 小时，连续 2～3 天。②用 0.4 克/升的氯化钠水溶液加 0.4 克/升的碳酸氢钠水溶液药浴 20～30 分钟。③用 10 克/升亚甲基蓝水溶液药浴 20～30 分钟。鳅体水霉病：①用 300～500 倍的水将聚维酮碘溶液稀释后全池均匀泼洒，每立方米水体用 4.5～7.5 毫克（以有效碘计），每天 1 次，连用 2 次。②每立方米水体用 0.3 克五倍子末兑水全池泼洒，每天 1 次，连用 2 天。

2. 鳃霉病

（1）**病原** 血鳃霉，常生长在泥鳅幼苗鳃缘，菌丝较粗直而少弯曲，分枝很少。通常呈单枝延长生长，不进入血管和软骨，仅在鳃小片的组织中生长。

（2）**症状** 病鳅失去食欲，呼吸困难，游动缓慢；鳃瓣肿大、粘连，鳃外观呈苍白色或红白相间状；严重时鳃丝溃烂缺损，轻压鳃部流出带污物的血色黏液；取溃烂处鳃丝在显微镜下观察可见大量真菌。此病常伴有胸鳍、臀鳍充血现象。病鳅肝脏肿大，色淡，有出血点，肾脏肿大呈褐色，肠道无食物，肠壁充血。此病后期常被细菌继发感染而引起综合征，严重时可造成病鳅的大批死亡。

（3）**流行情况** 一般在 5—10 月发生较多，夏季水体环境恶化时极易感染。

（4）**预防方法** ①清除池中过多的淤泥，改静止池水为微流水循环，并使水体保持较高的溶氧量。②用 300～500 倍的水将高碘酸钠溶液稀释后全池均匀泼洒，每立方米水体用 15～20 毫克（以高碘酸钠计），每 15 天 1 次。

（5）**治疗方法** 用 300～500 倍的水将聚维酮碘溶液稀释后全池均匀泼洒，每立方米水体用 4.5～7.5 毫克（以有效碘计），每天 1 次，连用 2 次。

三、寄生虫病

泥鳅寄生虫病是指寄生于泥鳅体表和体内的各种寄生虫引起的疾病。这些寄生虫通过掠夺鳅体营养，造成机械损伤，产生化学刺激和毒素作用等方式来危害泥鳅。严重时也可造成泥鳅大量死亡。

1. 车轮虫病

（1）**病原** 为车轮虫属和小车轮虫属的一些种类，寄生在泥鳅的体表及鳃部。虫体侧面观如毡帽状，反口面观呈圆碟状，运动时如车轮旋转样。虫体隆起的一面称口面，与其相对的凹入面，称反口面。反口面最显著且较稳定的结构是齿环和辐线。齿环由许多齿体衔接而成，齿体由齿钩、锥部和齿棘组成。

（2）**症状** 病鳅离群独游，行动迟缓，摄食量减少，有时在水中呈现"打滚"状游动。体表常出现白斑，甚至大面积变白；侵袭鳃瓣时，常成群地聚集在鳃的边缘或鳃丝的缝隙里，破坏鳃组织，使鳃组织腐烂，鳃丝的软骨外露。刚孵育不久的鳅苗感染严重时，苗群沿池边绕游，狂躁不安，直至鳃部充血、皮肤溃烂而死。泥鳅严重感染车轮虫时，若不及时治疗会引起大量死亡。

（3）**流行情况** 此病是泥鳅苗种培育阶段常见疾病之一，流行于5—8月，水温20~28℃为流行盛期。

（4）**预防方法** ①用生石灰彻底清塘消毒。②合理施肥、合理放养。③夏花鱼种下塘前用20克/升的食盐水溶液药浴15分钟，视鱼种忍耐程度酌情增减时间；或用8毫克/升的硫酸铜溶液药浴20~30分钟。

（5）**治疗方法** ①每立方米水体用硫酸铜与硫酸亚铁合剂（5∶2）0.7克兑水全池泼洒。②每立方米水体用高碘酸钠溶液0.3~0.4毫升全池泼洒，夏花鱼种用量减半。③每立方米水体用苦参末1~1.5克，全池均匀泼洒，连用5~7天。

2. 斜管虫病

（1）**病原** 鱼居斜管虫，原称鲤斜管虫。虫体有背腹之分，背部稍隆起，腹面观左边较直，右边稍弯，左面有9条纤毛线，右面有7条，每条纤毛线上长着一律的纤毛，腹面中部有一条喇叭状口管。大核近圆形，小核球形。身体左右两边各有一个伸缩泡，一前一后。

（2）**症状** 斜管虫少量寄生时对泥鳅危害不大，大量寄生时刺激鳅体体表和鳃分泌大量黏液，体表形成苍白色或淡蓝色的一层黏液层，鳃组织受到严重破坏。病鳅食欲减退，消瘦发黑，侧卧岸边或漂浮水面，不久即死亡。

（3）**流行情况**　此病是泥鳅苗种培育阶段常见疾病之一。由于鱼居斜管虫繁殖的最适温度为 $12\sim18℃$，因此在晚秋和春季最为流行。

（4）**预防方法**　同车轮虫病。

（5）**治疗方法**　同车轮虫病。

3. 小瓜虫病

（1）**病原**　多子小瓜虫，其成虫卵圆形或球形，肉眼可见。全身密布短而均匀的纤毛，大核呈马蹄形或香肠形，小核圆形，紧贴在大核上；胞质外层有很多细小的伸缩泡，内质有大量的食物粒。成虫成熟离开宿主后在水中游动一段时间，沉到水底或其他固体物上，分泌一层透明薄膜，形成胞囊，然后在胞囊内经过 10 余次分裂可形成数百个幼虫。刚从胞囊内钻出来的幼虫呈圆筒形，不久就变成扁鞋底形，全身除密布短而均匀的纤毛外，在虫体后端还有一根粗长的尾毛；一个大的伸缩泡在虫体前半部；大核近圆形，在虫体的后方；小核球形，在虫体的前半部。

（2）**症状**　大量寄生时，病鳅皮肤、鳍、鳃等处都布满小白点状胞囊。由于虫体的破坏和继发性细菌感染，使得病鳅体表黏液增多，表皮发炎，局部坏死，鳍条腐烂、开裂。镜检时多数只看见球形的成虫，病鳅消瘦，游动异常，最后呼吸困难而死。

（3）**流行情况**　小瓜虫病借助胞囊及幼虫传播，主要以幼虫侵入泥鳅的皮肤或鳃表皮组织，吸取组织的营养，引起组织增生，而后在鳅体上发展为成虫。小瓜虫对宿主无年龄选择性，从鳅苗到成鳅皆可受害，以夏花和大规格鱼种阶段危害较为严重，尤其是 5 厘米以下的苗种。适宜小瓜虫繁殖的水温为 $15\sim25℃$，因此主要流行于春末夏初和秋末。当水质恶劣或养殖密度偏高时，在冬季及盛夏也有发病。

（4）**预防方法**　①用生石灰彻底清塘消毒。②放养苗种前，若发现有小瓜虫，每立方米水体加入体积分数为 40% 的甲醛溶液

250 毫升，药浴 15～20 分钟。③加强饲养管理，保持良好的水体环境，增强鱼体抵抗力。

（5）**治疗方法** 每立方米水体用 40％的甲醛溶液 15～25 毫升全池泼洒，隔天 1 次，共用 2～3 次；或每立方米水体用辣椒粉40 克和干姜 15 克混合煮沸半小时，冷却后全池泼洒，每天 1 次，连续 3 次，晴天中午泼洒。与此同时，每千克体重用青蒿末 0.3～0.4 克均匀拌饲投喂，每天 1 次，连用 5～7 天。

4. 杯体虫病（舌杯虫病）

（1）**病原** 杯体虫。虫体体长 50 微米左右，伸展时呈高脚酒杯状，在前端有一个圆盘状的口围盘，边缘生有纤毛，纤毛摆动，带动水流夹带食物进入胞口，借以捕食。虫体中部有一卵形大核，小核细棒状，位于大核侧面靠中间的部位。体柄非常显著，具有一定的伸缩性。

（2）**症状** 杯体虫寄居在泥鳅的皮肤或鳃上，平时取食周围水中的食物，对寄主组织无破坏作用，感染程度不高时危害不大。若是与车轮虫并发时，能引起泥鳅死亡。鳅苗大量寄生时，体色发黑，离群独游，不摄食，头部向体表一侧弯曲，很难受的样子，俗称"歪脖"，常漂浮水面，状似缺氧浮头。鳅苗身体消瘦，游动无力，严重时死亡。

（3）**流行情况** 此病对体长 1.5～2 厘米的鳅苗危害较大，一年四季均可发生，以 5—8 月较为普遍。

（4）**预防方法** 同车轮虫病。

（5）**治疗方法** 同车轮虫病。

5. 指环虫病

（1）**病原** 指环虫。虫体扁平，动作像尺蠖，头部前端背面有4 个黑色的眼点。虫体后端为固着盘，由 1 对大锚钩和 7 对边缘小钩组成，借此固着在泥鳅的鳃上。

（2）**症状** 指环虫以锚钩和小钩钩住泥鳅的鳃丝，并在鳃片上不断活动，破坏鳃丝的表皮细胞，刺激鳃细胞分泌过多的黏液，妨碍鱼的呼吸，从而影响正常代谢。轻度感染时症状不明显，对泥鳅危害不大。大量寄生时，病鳅鳃盖张开，鳃部显著浮肿，全部或部分呈苍白色。病鳅不吃食，身体消瘦，游动缓慢，或头部竖起，伸出水面，在水中旋转，俗称"开飞机"。若治疗不及时可造成泥鳅大批死亡。

（3）**流行情况**　养殖中后期发生，主要流行于春末夏初。

（4）**预防方法**　①用生石灰彻底清塘消毒。②放养苗种前，用20毫克/升高锰酸钾水溶液药浴15～30分钟。

（5）**治疗方法**　①甲苯咪唑溶液加 2 000 倍水稀释后全池均匀泼洒，每立方米水体用 1～1.5 克（以甲苯咪唑计）。②精制敌百虫粉兑水全池均匀泼洒，每立方米水体用 0.18～0.45 克（以敌百虫计），鳅苗用量酌减。③每立方米水体用苦参末 1～1.5 克，全池均匀泼洒，每天 1 次，连用 5～7 天。

6. 三代虫病

（1）**病原**　三代虫。虫体略呈纺锤形，背腹扁平，身体前端有一对头器，后端腹面为圆盘状固着器，其中有 1 对锚形中央大钩和 8 对伞形排列的边缘小钩。三代虫为胎生，虫体中部有一椭圆形的胎儿，胎儿体内又孕育有下一代胎儿，故称为三代虫。

（2）**症状**　三代虫寄生在泥鳅的体表和鳃。当少量寄生时，泥鳅摄食及活动正常，仅鳃丝黏液增加。当大量寄生时，泥鳅体表无光泽，皮肤上有一层灰白色的黏液，鳃丝充血，黏液分泌增加，严重时鳃水肿、粘连。病鳅游态蹒跚，无争食现象或根本不靠近食台，逆水蹿游或在池壁摩擦，鳅体瘦弱，直至死亡。

（3）**流行情况**　此病对鳅苗的危害较大，一旦感染能造成极高的死亡率。三代虫的繁殖适温为 20℃左右，主要流行于 5—6 月。

（4）**预防方法**　同指环虫病。

（5）**治疗方法**　同指环虫病。

7. 扁弯口吸虫病

（1）**病原**　为扁弯口吸虫的囊蚴（彩图 29）。虫体大小为（4～6）毫米×2 毫米；顶端有 1 个口吸盘，下为肌质的咽，没有食道，肠的二盲支直至虫体后端，在伸延之中，向侧面分出侧支；

腹吸盘位于虫体 1/4 处，大于口吸盘；睾丸 1 对，纵列、分叶，两睾丸之间有 1 卵巢。

（2）**生活史** 成虫寄生于鹭科鸟类的咽喉，当鹭在啄食鱼时，卵便可排至水中，在水温 28℃时，8 天孵出毛蚴。第一中间宿主为斯氏萝卜螺和土蜗；毛蚴钻入萝卜螺后，在外套膜上发育为胞蚴；胞蚴发育为 1 个雷蚴，迁移到螺的肝脏，经两代繁殖为数百个子雷蚴，然后产生尾蚴；尾蚴有强烈的趋光性，遇到泥鳅后，钻进皮肤至肌肉，经 3 个月发育为囊蚴；鹭吞食病鳅，囊蚴从囊中逸出，从食道迁回至咽喉，4 天后发育为成虫并排卵。

（3）**症状** 发病早期没有明显症状；病情严重时，在病鳅的头部、体表、鳍、鳃及肌肉等处形成圆形小包囊，呈橙黄色或白色，直径约 2.5 毫米（彩图 30）。在 1 尾泥鳅上的囊蚴可从数个到 100 个以上。病鳅离群独游，在浅水边或其他物体上摩擦。成鳅单纯感染时一般不会死亡，但苗种被虫体大量寄生时，则可被致死。

（4）**流行情况** 此病流行于 4—8 月。养殖水体恶化，大量使用未经发酵的粪肥是此病发生的诱因。

（5）**预防方法** ①彻底清塘，杀灭池中的第一中间宿主、虫卵及尾蚴。②加强饲养管理，保持优良水质，增强鳅体抵抗力。在加注清水时，一定要经过过滤，严防第一中间宿主螺类随水带入。③在该病流行地区，养鱼池中如发现有第一中间宿主斯氏萝卜螺时，应及时用草捆诱捕杀灭。

（6）**治疗方法** ①内服药。每千克体重用 80 毫克左旋咪唑均匀拌饲投喂，每天 1 次，连用 3 天；同时用恩诺沙星粉均匀拌饲投喂，每千克体重用 10～20 毫克（以恩诺沙星计），每天 1 次，连用 7 天。②外用药。每立方米水体用二氧化氯 0.3 克兑水全池泼洒，隔天 1 次，连用 3 次。

8. 毛细线虫病

（1）**病原** 毛细线虫。虫体细小如纤维，前端尖细，后端稍粗大。雌虫体长 4.99～10.13 毫米，雄虫体长 1.93～4.15 毫米。

（2）**症状** 毛细线虫以其头部钻入泥鳅肠壁黏膜层，破坏组织，引起肠壁发炎。全长 1.6~2.6 厘米的鱼种，有 5~8 只成虫寄生时，生长即受一定影响；有 30 只以上的虫体寄生时，即可造成泥鳅消瘦，并伴有腹水。病鳅体色发黑，不摄食，游动缓慢，因极度消瘦而死亡。

(3) 流行情况 毛细线虫寄生于泥鳅肠道中，泥鳅通过吞食含有毛细线虫幼虫的卵而感染。养殖周期内都有发现，主要危害当年鱼种。

(4) 预防方法 ①鳅池用生石灰彻底清塘。②加强饲养管理，保证泥鳅有充足的饲料。③及时分池稀养，加快鳅种生长。

(5) 治疗方法 ①精制敌百虫粉兑水全池均匀泼洒，每立方米水体用 0.18~0.45 克（以敌百虫计），鳅苗用量酌减。②每千克体重用 80 毫克左旋咪唑均匀拌饲投喂，每天 1 次，连用 3~5 天。③用阿苯达唑粉均匀拌饲投喂，每千克体重用 0.2 克（以阿苯达唑计），每天 1 次，连用 5~7 天。

四、泥鳅的敌害

1. 生物敌害

泥鳅的生物敌害较多，包括鸟类尤其是白鹭（图 4-2）、苍鹭、翠鸟、鸭等，蛙类及其蝌蚪，水生昆虫尤其是蜻蜓幼虫、水蜈

图 4-2 白 鹭

蚣、红娘华等，水鼠，鱼类尤其是乌鳢、鲇、鳜、鲈、黄鳝等，克氏原螯虾，鳖等。有时隔年未捕捞干净的存塘泥鳅也会捕食放养的泥鳅苗种。

防治方法：在放养泥鳅苗种前用生石灰彻底清塘。饲养管理期间要及时清除生物敌害，特别是对泥鳅苗种池的管理要加强。①除尽池边杂草并设防护网，严防蛙类侵入，发现蛙类应及时捕捉，要及时把蛙卵和蝌蚪打捞干净。②对于乌鳢、黄鳝等，要在进、排水口处加尼龙网或铁丝网，防止它们进入鳅池。③对于水蜈蚣、红娘华和蜻蜓幼虫等水生昆虫，可进行灯光诱杀，或用精制敌百虫粉兑水全池均匀泼洒，每立方米水体用 0.5 克（以敌百虫计）；也可在水蜈蚣聚集的水草、粪渣堆处，加倍用药进行杀灭。④对于水蛇，可用硫黄粉来驱赶，池塘用药按每 667 米² 用硫黄粉 1.5 千克，将其撒在池堤四周；稻田用量是按每 667 米² 用 2 千克，在田埂四周撒 0.75 千克，鱼沟、鱼溜 0.5 千克，田中 0.75 千克。⑤对于水鸟和蜻蜓，可用密网罩住鳅苗池，成鳅养殖池则可在距离水面 1 米高处设置网目较粗的网，防止鸟类侵入和蜻蜓产卵。

2. 非生物敌害

泥鳅的非生物敌害主要是指农药引起的中毒。农田中使用的各种化学农药，其残毒会不同程度地污染泥鳅养殖的水源，从而使泥鳅发生中毒。尤其在稻田养鳅时，为防治水稻病虫害常使用各种农药，有时会因为农药使用不当造成水中药量超标，进而引发泥鳅中毒死亡。

（1）症状 不同农药对泥鳅的毒害不相同，其表现亦不一样，较为明显的有体表充血、发红，尾尖颤动不定，游动失常或翻滚、狂蹿或侧仰，最后进入麻痹昏迷状态，侧躺在浅水处，甚至死亡。

（2）防治方法 ①为了确保泥鳅安全，防治水稻病虫害应选择低毒、高效、低残留农药，禁用剧毒农药，同时要严格控制农药使用量和施药方法。②当泥鳅出现中毒危险时要及时注入新水或将泥鳅转移至水质较好的水体中饲养。

五、其他病害

1. 气泡病

(1) 病因　水中的氧或其他气体过饱和。常见的有：①水体中浮游植物多，中午阳光强烈，水温高，藻类光合作用旺盛，可引起水中溶氧量过饱和而发病。②池中施放过多未经发酵的肥料，肥料在池底不断分解，放出很多细小的甲烷、硫化氢等气泡，泥鳅苗误将小气泡当浮游生物吞食，引起气泡病。因这些气体有毒，同时大量消耗泥鳅体内的氧，所以危害比溶氧量过饱和大。③有些地下水含氮气过饱和，没有经过曝气等处理而直接进入池中，可引起气泡病，危害也比溶氧量过饱和大。

(2) 症状　病鳅的体表、鳃、鳍条上附有许多小气泡，剖检可看到肠道内也充有白色小气泡。病鳅腹部鼓起，逐渐失去自由游动能力而浮于水面，作混乱无力游动，若不及时急救，不久在体内或体表出现气泡（彩图31），随着气泡增大及体力消耗，会发生大批死亡。

(3) 流行情况　此病多发生在春末和夏初，秋末冬初偶有发病。泥鳅苗种都能发生此病，特别对鳅苗的危害性较大，能引起鳅苗大批死亡。重病泥鳅塘发病率高达到80%，治疗不及时死亡率可达20%以上。多发于淤泥较厚的精养高产塘。

(4) 预防方法　①加强日常管理，合理投饵、施肥，注意水质清新，防止水质恶化。②引用地下水时要先经过充分曝气。③用黄泥土加水搅拌后全池泼洒，以池水变浑浊为度，以降低水中浮游植物光合作用的强度。

(5) 治疗方法　①每立方米水体用食盐5~7克兑水全池泼洒，每天1次，连用2~3次，同时长时间加注新水。该方法对发病较轻者有一定的效果。②对发病较重的池塘，可将池水排出1/2，然后按每立方米水体用硫酸铜0.8克兑水全池泼洒，以控制浮游植物量，12小时后加注新水至原水位。一般2天后病情可得到缓解，对部分效果不明显的池塘，继续换水1~2次，病情即可得到有效的控制。③病情得到控制后，可用微生态制剂调节水质，以控制浮游植物繁殖过量。

2. 感冒

（1）病因 泥鳅是冷血动物，水温急剧改变时会刺激泥鳅皮肤的末梢神经，从而引起鳅体内部器官活动的失调，发生感冒。如换水时使用未经曝晒的井水或泉水，可使泥鳅发生感冒。

（2）症状 泥鳅感冒后，行为发生改变，皮肤失去原有的光泽，体表和鳃分泌出大量的黏液。严重时会引起死亡。

（3）预防方法 ①使用泉水或井水时，须经过太阳曝晒后再注入池内，切勿使温差过大。②当将泥鳅从一个水体移到另一个水体时，水温相差不应超过3℃。

（4）治疗方法 尚无有效的治疗方法。

3. 发烧

（1）病因 泥鳅在高密度长时间运输或高密度饲养的情况下，体表分泌黏液的速度加快，聚积在水中发酵，大量耗氧，放出热量，使水温骤升（可高达50℃），同时引起泥鳅体温升高，进而导致泥鳅发病。

（2）症状 泥鳅焦躁不安，狂蹿不停或互相缠绕。常造成大量死亡。

（3）流行情况 此病在运输或饲养过程中均有可能发生。

（4）预防方法 降低泥鳅的运输密度或放养密度。

（5）治疗方法 ①在运输前，先经蓄养，使泥鳅体表泥沙及肠内粪便排净，气温在23～30℃的情况下，每隔6～8小时，彻底换水1次，或每隔24小时，在水中施放一定量的青霉素，用量为每25升水放入25～30万国际单位。但注意运输时间不宜过长。②根据水源水质、养殖条件和水平、苗种来源，确定合理的放养密度和放养规格。③注意观察，发现生病立即更换或补充新鲜凉水。④在发病池（箱）中，可用0.5毫克/升的硫酸铜兑水泼洒。

4. 肝胆综合征

（1）病因 ①养殖密度过大，水体环境恶化。②药物刺激。

③饲料酸败变质、营养成分失衡以及饲料中含有有毒物质。

（2）**症状** 发病初期，肝略肿大，轻微贫血，色略淡；胆囊色较暗，略显绿色。随着病情发展，肝明显肿大，比正常状态的大1倍以上。肝色逐渐变黄发白，或呈斑块状（黄色、红色、白色相间），形成明显的"花肝"症状。有的使肝局部或大部分变成"绿肝"，有的肝轻触易碎；胆囊明显肿大1～2倍，胆汁颜色变深绿或墨绿色，或变黄、变白直到无色，重者胆囊充血发红，并使胆汁也呈红色。由于主要脏器出现严重病变，鳅体的抗病能力下降，给其他病原菌的侵入以可乘之机，因此重症者常同时伴有出血、烂鳃、肠炎、烂头和烂尾等症状。

（3）**流行情况** 此病流行于3—10月。经过越冬期的泥鳅，无论规格大小，来年春天都有此病的发生。将要进入越冬期的泥鳅，发病率也较高。一旦发病，死亡率较高。

（4）**预防方法** 在饲料中添加多种维生素，定期投喂氨基酸、免疫多糖及保肝护胆的药物。

（5）**治疗方法** ①每千克体重用"肝胆利康散"0.1克均匀拌饲投喂，每天1次，连用10天。②每千克体重用"板黄散"0.2克均匀拌饲投喂，每天3次，连用5～7天。

5. 弯体病（曲骨病）

（1）**病因** 鳅苗孵化时由于水温剧变或水中重金属元素含量过高，或缺乏必要的维生素等营养物质，也有时因寄生虫侵袭等，致使在胚胎发育过程中引起骨骼畸形。

（2）**症状** 病鳅身体发生弯曲，不能恢复。

（3）**预防方法** ①孵化时保持适温，防止水温急剧变化。②经常换水改良底质。③注意动物性、植物性饲料的搭配和无机盐、维生素的用量。

6. 白身红环病

（1）**病因** 泥鳅捕捉后长时间流水蓄养所致。

（2）**症状** 病鳅体表及各鳍条呈灰白色，体表上出现红色环纹；严重时患处发生溃疡，病鱼食欲不振，游动缓慢。

(3) 预防方法 鳅种放养时用 10 毫克/升的高锰酸钾溶液药浴 15～20 分钟。

(4) 治疗方法 一旦发现此病应立即将病鳅放入池塘中养殖。

7. 蓝藻

(1) 形成原因 清塘不彻底，养殖过程中长期投饲而不加注新水，或加新水而不排出老水，或由于水源的原因而没法加注新水，使得水体富营养化而引起蓝藻大量繁殖。

(2) 危害 ①蓝藻产生有毒物质，危害泥鳅的健康。②蓝藻难于被泥鳅消化。③蓝藻抑制其他饵料生物生长。④蓝藻恶化水质或造成泥鳅中毒死亡。⑤蓝藻降低泥鳅的品质。

(3) 防治方法 ①定期泼洒微生态制剂。②在鳅池下风处，用竹竿将蓝藻聚合在一起，用密集的网目袋打捞至岸上。③调节池水 pH 至 7.0～7.5，可用乳酸菌加红糖发酵 2 小时后全池泼洒，也可以用食醋兑水泼洒。④严重时，可用药物杀灭蓝藻，并注意采取措施进行解毒、增氧、改良水质和底质及水体藻相。

第五章　泥鳅的捕捞上市与市场营销

第一节　泥鳅的捕捞上市

一、泥鳅的捕捞

泥鳅的捕捞（彩图 32）一般在秋末冬初进行，但是为了提高经济效益，可根据市场价格、池中密度和生产特点等多方面因素综合考虑，灵活掌握泥鳅捕捞上市的时间。一般泥鳅体重达到 10 克即可上市。从鳅苗养至 10 克左右的成鳅一般需要 15 个月左右，饲养至 20 克左右的成鳅一般需要 45 个月，如果饲养条件适宜，还可以缩短饲养时间。泥鳅捕捞方法有如下几种。

（一）食饵诱捕法

可用麻袋装入炒香的米糠、蚕蛹粉与腐殖土混合做成的面团，敞开袋口，傍晚时沉入池底即可。一般悬着在阴天或下雨前的傍晚下袋，这样经过一夜时间，袋内会钻入大量泥鳅。诱捕受水温影响较大，一般水温在 25～27℃时泥鳅摄食旺盛，诱捕效果最好；当水温低于 15℃或高于 30℃时，泥鳅的活动减弱，摄食减少，诱捕效果较差。

也可用大口容器（罐、坛、脸盆、鱼笼等）改制成诱捕工具。

（二）冲水捕捉法

在靠近进水口处铺设好网具，网具长度可依据进水口的大小而定，一般为进水口宽度的 3～4 倍，网目尺寸为 1.5～2 厘米，4 个网角结扎提纲，以便起捕。网具张好后向进水口充注新水，给泥鳅以微流水的刺激，泥鳅喜溯水会逐渐聚集在进水口附近，待泥鳅聚拢到一定程度时，即可提网捕捉。同时，可在排水口处张网或设置鱼篓，捕获顺水逃逸的泥鳅。

（三）排水捕捉法

食饵诱捕、冲水捕捉一般适合水温在 20℃以上采用。当水温偏低时，泥鳅活动减弱，食欲下降，甚至钻入泥中，这时只能采取排干池水捕捉。这种方法是现将池水排干，同时把池底划分成若干小块，中间挖纵、横排水沟若干条。沟宽 40 厘米、深 30 厘米左右，让泥鳅集中到排水沟内，这时可用手抄网捕捉。当水温低于 10℃或高于 30℃时，泥鳅会钻入泥中越冬或避暑，只有采取挖泥捕捉。因此，排水捕捉法一般在深秋、冬季或水温在 10～20℃时采用。

（四）网捕法

在稻谷收割之前，先用三角网设置在稻田排水口，然后排放田水，泥鳅随水而下时被捕获。此法一次难以捕尽，可重新灌水，反复捕捉。

（五）排干田水捕捉法

在深秋稻谷收割之后，把田中、鱼溜疏通，将田水排干，使泥鳅随水流入沟、溜之中，先用抄网抄捕，然后用铁丝制成的网具连淤泥一并捞起，除掉淤泥，留下泥鳅。天气炎热时可在早、晚进行。田中泥土内捕剩的部分泥鳅，长江以北地区要设法捕尽，可采用翻耕、用水翻挖或结合犁田进行捕捉。

（六）香饵诱捕法

在稻谷收割前后均可进行。晴天傍晚时将水缓缓注入坑溜中，使泥鳅集中到鱼溜，然后将预先炒制好的香饵放入广口麻袋，沉入鱼坑诱捕。此方法在 5—7 月以白天下袋较好，若在 8 月以后则应在傍晚下袋，第 2 天日出前取出效果较好。放袋前 1 天停食，可提高捕捉效果。如无麻袋，可把旧草席剪成长 60 厘米、宽 30 厘米，将炒香的米糠、蚕蛹粉与泥土混合做成面团放入草席中，中间放些树枝，卷起草席，并将两端扎紧，使草席稍稍隆起。然后放置田中，上部稍露出水面，再铺放些杂草等，泥鳅会到草席内觅食，以进行捕捉。

此外，如遇急需，且水温较高时，可采用香饵诱捕的方法，即把预先炒制好的香饵撒在池中捕捉处，待30分钟左右用网捕捉。

(七) 笼捕法

专门用于捕捉泥鳅的工具为须笼和地笼（图5-1）。须笼用竹篾编制而成，长30厘米，直径9厘米，末端锥形，占全长的1/3。须笼里面用聚乙烯布做成同样形状的袋子。捕鳅时，在须笼中放入由炒米糠、蚕蛹等做成的面团状饲料，然后于傍晚下入水中，第2天一早起捕。也可将须笼放在河道、沟渠和流水处，利用泥鳅的溯水习性捕捉。

图5-1　地笼捕捞

(八) 挖捕法

泥鳅有钻泥的习性，很难捕捉干净，为此，其他方法捕捉后，可以排干池水，连泥带鳅挖入铁筛内，用水冲去淤泥，即可得到泥鳅。此法多用于养鳅池，可结合清塘一块实施。

(九) 药物驱捕法

通常使用的药物为茶粕（亦称茶枯、茶饼，是榨油后的残留物，存放时间不超过 2 年），每 667 米² 稻田用量为 5～6 千克。将药物烘烧 3～5 分钟后取出，趁热捣成粉末，再用清水浸泡透（手抓成团，松手散开），3～5 小时后方可使用。

将稻田的水放浅至 3 厘米左右，然后在田的四角设置鱼巢。鱼巢用淤泥堆集而成，巢堆成斜坡形，由低到高逐渐高出水面 3～10 厘米。鱼巢大小视泥鳅的多少而定，巢面一般为脚盆大小，面积 0.5～1 米²。面积大的稻田中央也应设置鱼巢。

施药宜在傍晚进行。除鱼巢巢面不施药外，稻田各处须均匀地泼洒药液。施药后至捕捉前不能注水、排水，也不宜在田中走动。泥鳅一般会在茶粕的作用下纷纷钻进鱼巢。

施药后第 2 天清晨，用田泥围 1 圈栏鱼巢，将鱼巢围圈中的水排干，即可挖巢捕捉泥鳅。达到商品规格的泥鳅可直接上市，未达到商品规格的小泥鳅继续留在田中养殖。若留田养殖需注水 5 厘米左右，待田中药性消失后，再转入稻田中饲养。

此法简便易行，捕捉速度快，成本低，效率高，且无污染（须控制用药量）。在水温 10～25℃时，起捕率可达 90％以上，并且可捕大留小，均衡上市。但操作时应注意以下事项：首先是用茶粕配制的药液要随配随用；其次是用量必须严格控制，施药一定要均匀地全田泼洒（鱼巢除外）；此外鱼巢巢面必须高于水面，并且不能再有高出水面的草、泥堆物。此法捕泥鳅最好在收割水稻之后，且稻田中无集鱼坑、溜。若稻田中有集鱼坑、溜，则可不在集鱼坑、溜中施药，但要用木板将坑、溜围住，以防泥鳅进入。

二、泥鳅的暂养和蓄养

泥鳅起捕后，无论是内销或出口，都必须经过几天时间的清水暂养，方能运输出售或食用。暂养的主要目的：①使泥鳅体内的污物和肠中的粪便排除，降低运输途中的耗氧量，提高运输成活率；②去掉泥鳅肉中的泥鳅味，改善口味，提高食用价值；③将零星捕捉的泥鳅集中起来，便于批量运输销售。泥鳅暂养的方法有许多种，现在介绍以下几种。

（一）水泥池暂养

水泥池暂养适用于较大规模的出口中转基地或需暂养较长时间的场合。应选择在水源充足、水质清新、排灌方便的场所建池，并配备增氧、进水、排污等设施。水泥池的大小一般为 8 米×4 米×0.8 米，蓄水量为 20～25 米³。一般每平方米可暂养泥鳅 5～7 千克，有流水、有增氧设施，暂养时间较短的，每平方米可放 40～50 千克。若为水槽型水泥池，每平方米可放 100 千克。

泥鳅进入水泥池暂养前，最好先在木桶中暂养 1～2 天，待粪便或污泥清除后再移至水泥池中。在水泥池中暂养时，对刚起捕或刚入池的泥鳅，应隔 7 小时换水 1 次，待其粪便和污泥排除干净后转入正常管理。夏季暂养每天换水不能少于两次，春季、秋季暂养每天换水 1 次，冬季暂养隔天换水 1 次。

在泥鳅暂养期间，投喂生大豆和辣椒可提高泥鳅暂养的成活率。按每 30 千克泥鳅每天投喂 0.2 千克生大豆即可。此外，辣椒有刺激泥鳅兴奋的作用，每 30 千克泥鳅每天投喂辣椒 0.1 千克即可。

水泥池暂养适用于暂养时间长、数量多的场合，具有成活率高（95％左右）、规模效益好等优点。但这种方法要求较高，暂养期间不能发生断水、缺氧泛池等现象，必须有严格的责任制度。

（二）网箱暂养

网箱暂养泥鳅被许多地方普遍采用。暂养泥鳅的网箱规格一般为 2 米×1 米×1.5 米。网眼大小视暂养泥鳅的规格而定，暂养小规格泥鳅可用 11～12 目的聚乙烯网布。网箱宜选择水面开阔、水质清新的池塘或河道。暂养的密度视水温高低和网箱大小而定，一般以每平方米暂养 30 千克左右较适宜。网箱暂养泥鳅要加强日常管理，防止逃逸和发生病害，平时要勤检查、勤刷网箱、勤捞残渣和死鳅等，一般暂养成活率可达 90％以上。

(三) 布斗暂养

布斗一般规格为口径 24 厘米、底径 65 厘米、长 24 厘米,装有泥鳅的布斗置于水域中时应有约 1/3 部分露出水面。布斗暂养泥鳅须选择在水质清新的江河、湖泊、水库等水域,一般置于流水水域中,每斗可暂养 15～20 千克,置于静水水域中,每斗可暂养 7～8 千克。

(四) 鱼篓暂养

鱼篓的规格一般为口径 24 厘米、底径 65 厘米,竹制 (图 5-2)。篓内铺放聚乙烯网布,篓口要加盖 (盖上不铺聚乙烯网布等,防止泥鳅呼吸困难),防止泥鳅逃逸。将泥鳅放入竹篓后置于水中,竹篓应有 1/3 部分露出水面,以利于泥鳅呼吸。若将鱼篓置于静水中,一篓可暂养 7～8 千克;置于微流水中,一篓可暂养 15～20 千克。置于流水状态中暂养时,

图5-2 鱼 篓

应避免水流过急,否则泥鳅易患细菌性疾病。

(五) 木桶暂养和蓄养

各类容积较大的木桶均可用于泥鳅暂养。一般用 72 升容积的木桶可暂养 10 千克泥鳅。暂养开始时每天换水 4～5 次,第 3 天以后可每天换水 2～3 次。每天换水量控制在 1/3 左右。

我国大部分地区水产品都有一定的季节差、地区差,所以人们往往将秋季捕获的泥鳅蓄养至泥鳅价格较高的冬季出售。蓄养的方式方法和暂养基本相同。时间较长、规模较大的蓄养一般是采取低

温蓄养，水温要保持在 5～10℃。若水温低于 5℃时，泥鳅会被冻死；水温高于 10℃时，泥鳅会浮出水面呼吸，此时应采取措施降温、增氧。蓄养于室外的，要注意控温，如在水槽等容器上加盖，防止夜间水温突变。蓄养的泥鳅在蓄养前要促使泥鳅肠内粪便排出，并用食盐溶液浸浴鳅体消毒，以提高蓄养成活率。

三、泥鳅的运输

泥鳅的皮肤和肠均有呼吸功能，因而泥鳅的运输比较方便。泥鳅按运输距离分为近程运输、中程运输、远程运输，按泥鳅规格分为苗种运输（彩图 33）、成鳅运输（彩图 34）、亲鳅运输，按运输工具分为鱼篓（鱼袋）运输、箱运输（彩图 35）等，按运输方式分为干法运输、装水运输、降温运输、充氧运输等。泥鳅的苗种运输相对要求较高，一般选用鱼篓装水运输和尼龙袋充氧运输较好。成鳅对运输要求低些，除远程运输需要尼龙袋装运外，均可因地制宜选用其他方法。

不论采用哪一种方法运输，泥鳅运输前均需暂养 1～3 天后才能启动。运输途中要注意泥鳅和水温的变化，及时捞出病伤死鳅，去除黏液，调节水温，防止阳光直射和风雨吹淋引起的水温变化。在运输途中，尤其是到达目的地时，应尽可能使运输泥鳅的水温与准备放养的环境水温相近，两者最大的温差不能超过 5℃，否则会造成泥鳅死亡。

（一）干法运输

干法运输就是采用无水湿法运输的方法，俗称"干运"，一般适用于成鳅短程运输。运输时，在泥鳅体表泼些水，或用水草包裹泥鳅，使泥鳅皮肤保持湿润，再置于袋、桶、筐等容器中，即可进行短距离运输。

1. 筐运法

装泥鳅的筐用竹篾编织而成，长方体，规格为（80～90）厘米×（45～50）厘米×（20～30）厘米。筐内壁铺上麻布，避免鳅体受伤，1 筐可装成鳅 15～20 千克，筐内盖些水草或瓜（荷）叶即可运输。此法适用于水温 15℃左右、运输时间为 3～5 小时的短途运输。

2. 袋运法

袋运法指将泥鳅装入麻袋、草包或编织袋内，洒些水，或预先放些水草等在袋内，使泥鳅体表保持湿润，即可运输。此法适用于温度在 20℃以下、运输时间在半天以内的短途运输。

（二）降温运输

运输时间需半天或更长时间的，尤其在天气炎热和中程运输时，必须采用降温运输方法。

1. 带水降温运输

一般采用鱼桶装水加冰块装运，6 千克水可装运泥鳅 8 千克。运输时将冰块放入网袋内，再将其吊在桶盖上，使冰水慢慢滴入容器内，以达到降温的目的。此法运输成活率较高，鱼体也不易受伤，一般在 12 小时内可保证安全。此法在水温 15℃左右、运输时间为 5～6 小时的条件下效果较好。

2. 鱼筐降温运输

鱼筐的材料、形状、规格同上。每筐装成鳅 15～20 千克。装好的鱼筐套叠 4～5 个，最上面一筐少装一些泥鳅，其中盛放用麻布包好的碎冰块 10～20 千克。将几个鱼筐叠齐捆紧即可装运。注意避免鱼筐之间互相挤压。

3. 箱降温运输

箱用木板制作。木箱的结构为 3 层，上层为放冰的冰箱，中层为装鳅的鳅箱，下层为底盘。箱体规格为 50 厘米×35 厘米×8 厘米，箱底和四周钉铺 20 目的聚乙烯网布。如水温在 20℃以上时，先在上层的冰箱里装满冰块，让融化后的冰水慢慢滴入鳅箱。每层鳅箱装泥鳅 10～15 千克，再将这两个箱子与底盘一道扎紧，即可运输。这种运输方法适合于运输时间在 30 小时以内的中、短途运输，成活率在 90%以上。

（三）鱼篓（桶）装水运输

该法是采用鱼篓（桶）装入适量的水和泥鳅，以火车、汽车或轮船等为交通工具的运输方法，较适合于泥鳅苗种运输。鱼篓一般用竹篾编制，内壁糊贴柿油纸或薄膜；也有用镀锌皮制作的鱼篓。鱼篓的规格不一，常用的规格为：口径 70 厘米、底部边长 90 厘米、高 100 厘米。有桶盖，盖中心开有一直径为 35 厘米的圆孔，并配有击水板，其一端由"十"字形交叉板组成。交叉板长 40 厘米、宽 10 厘米、柄长 80 厘米。

鱼篓（桶）运输泥鳅苗种要选择好天气，水温以 15～25℃ 为宜。已开食的鳅苗起运前最好喂一次咸鸭蛋黄。其方法是将煮熟的咸鸭蛋黄用纱布包好，放入盛水的搪瓷盘内，滤掉渣，将蛋黄汁均匀地泼在装鳅苗的鱼篓（桶）中，每 10 万尾鳅苗投喂蛋黄 1 个。喂食后 2～3 小时，更换新水后即可起运。运输途中要防止泥鳅苗缺氧和残饵、粪便、死鳅等污染水质，要及时换注新水，每次换水量为 1/3 左右，换水时水温差不能超过 3℃。若换水困难，可用击水板在鱼篓（桶）的水面上轻轻地上下推动击水，可起到增氧效果。为避免苗种集结成团而窒息，可放入几条规格稍大的泥鳅一起运输。

路途较近的也可用挑篓运输。挑篓由竹篾制成，篓内壁糊贴柿油纸或薄膜。篓的口径约为 50 厘米，高 33 厘米。装水量为篓容积的 1/3～1/2（约 25 升）。装苗种数量依泥鳅的规格而定：1.3 厘米以下的可装 6 万～7 万尾，1.5～2 厘米的装 1 万～1.4 万尾，2.5 厘米的装 0.6 万～0.7 万尾，3.5 厘米的装 0.35 万～0.40 万尾，5 厘米的装 0.25 万～0.3 万尾，6.5～8 厘米的装 600～700 尾，10 厘米的装 400～500 尾。

（四）尼龙袋充氧运输

该法是用各生产单位运输"四大家鱼"苗种所用的尼龙袋（双层塑料薄膜袋），装少量水，充氧后运输，这是目前较先进的一种运输方法。可装载于车、船、飞机上进行远程运输。

尼龙袋的规格一般为 30 厘米×28 厘米×65 厘米的双层袋，每袋装泥鳅 10 千克。加少量水，也可添加些碎冰，充氧后扎紧袋口，再装入 32 厘米×35 厘米×65 厘米规格的硬纸箱内，每箱装 2 袋。气温高时，在箱内四角处各放一小冰袋降温，然后打包运输。如在 7—9 月运输，装袋前应对泥鳅采取"三级降温法"处理：把泥鳅从水温 20℃以上的暂养容器中放入水温 18～20℃的容器中暂养 20～40 分钟，再放入 14～15℃的容器中暂养 5～10 分钟，然后放入 8～12℃的容器中暂养 3～5 分钟，最后装袋充氧，在箱四周放置冰袋后运输。

第二节　泥鳅的市场营销

一、坚持产品质量意识，打造泥鳅品牌意识

在泥鳅养殖过程中，始终坚持质量第一的原则，树立质量和标准意识，强化质量监督和标准体系的建立，并按出口标准组织生产和管理，以提高产品的市场竞争力和档次。严格执行泥鳅养殖技术操作规程，加强生产过程中苗种、饲料、药品及水质等检验和监测。江苏省连云港市赣榆县经过近十年的市场品牌建设与推广，"水中参"牌泥鳅在韩国市场上具有较大的影响力和极佳的口碑，市场占有率已超过 75％以上。

与此同时，需要通过协会、企业和营销大户积极推介泥鳅产品，让更多的老百姓认识到泥鳅的营养价格和保肝护肝的功能。积极联合科研院所进行泥鳅多样化食品种类的开发与市场推广，做大做强特色泥鳅品牌。

二、重视市场调研

树立"客户就是上帝"的市场理念，不断地分析市场发展趋势，以确定新的市场需求，适时调整生产销售计划。每年的初冬、春节后，天气较冷，泥鳅的生产工作基本停止，此时，货源较紧

张，市价日涨。而到了春末、夏季、秋季由于气温转高，养殖泥鳅大规模开展，野生泥鳅也大规模上市，供过于求，市价下降。应根据市场情况做好错季销售。

三、重视顾客的购买心理

泥鳅的质量与规格会直接影响顾客的购买欲望。人们普遍有拒绝购买死鱼的心理，认为死鱼不卫生。同时，规格在 25 厘米以上的泥鳅处理方便，其价格高出小规格的泥鳅很多。

浙江杭州、温州和江苏苏州等地的消费者偏好泥鳅，对大鳞副泥鳅兴趣度不高，而我国长江以北地区的消费者对大鳞副泥鳅的接受程度较高。因此，泥鳅养殖业者以及水产经纪人需要做好市场调研工作，并区分、细化泥鳅消费市场，以市场需要为导向，组织泥鳅生产与销售工作。

四、规模化联合经营

从经营模式上，扩大生产规模会带来长期平均生产成本下降的情况称为规模经济。目前，我国泥鳅养殖尚处于无序、分散生产状态，农民自筹资金、自发开挖池塘并进行泥鳅养殖，有些分散的养殖户单位时间产出量过小，达不到规模化运输销售量，增加了运输与销售成本。随着近年来大量的工商资本投入到泥鳅养殖行业，部分泥鳅养殖区域单位时间内产出有时过多，市场过剩，导致价格暴跌，养殖户无利可图。目前，各地成立的泥鳅养殖专业性协会或合作社，在一定程度上起到了市场信息互通、产品互相调配的作用。

附　录

附录一　水产养殖相关标准和禁用药物

一、产地环境要求

按照《农产品质量安全　无公害水产品产地环境要求》（GB/T 18407.4—2001）的规定，养殖场应处在生态条件良好，没有或不直接受工业"三废"及农业、城镇生活、医疗废弃物污染的地域；养殖地区、上风向地域及灌溉水源上游，没有对养殖场环境构成威胁的（包括工业"三废"、农业废弃物、医疗机构污水及废弃物、城市垃圾和生活污水等）污染源。

养殖池的底质不应有工业废弃物和生活垃圾，无大型植物碎屑和动物尸体；底质无异色、异臭，自然结构。池塘的底质以壤土最好，沙质壤土和黏土次之，沙土最差。底质有毒有害物质含量应符合如下规定（附表1-1）。

附表1-1　池塘底质有害物质含量最高限量

单位：毫克/千克（湿重）

项目	标准值	项目	标准值
总汞	≤0.2	铬	≤50
镉	≤0.5	砷	≤20
铜	≤30	DDT	≤0.02
锌	≤150	六六六	≤0.5
铅	≤50		

资料来源：《农产品质量安全　无公害水产品产地环境要求》（GB/T 18407.4—2001）。

二、养殖用水水质要求

水是鱼类赖以生存的最基本条件，水质好坏直接影响到鱼类的健康，而水体中各因素又直接影响到水质的好坏，不同养殖品种对水质要求有所不同。因此，水质好坏是相对而言的。养殖用水的pH、溶氧量、有机耗氧量及水中有毒有害物质含量应符合《渔业水质标准》（GB 11607—89）的要求（附表 1 - 2）。

附表 1 - 2　渔业水质标准

项目序号	项目	标准值
1	色、臭、味	不得使鱼、虾、贝、藻类带有异色、异臭、异味
2	漂浮物质	水面不得出现明显油膜或浮沫
3	悬浮物质（毫克/升）	人为增加的量不得超过10，而且悬浮物质沉积于底部后不得对鱼、虾、贝类产生有害的影响
4	pH	淡水 6.5～8.5，海水 7.0～8.5
5	溶解氧（毫克/升）	连续 24 小时中，16 小时以上必须大于 5，其余任何时候不得低于 3，对于鲑科鱼类栖息水域冰封期其余任何时候不得低于 4
6	生化需氧量（5 天、20 ℃）（毫克/升）	不超过 5，冰封期不超过 3
7	总大肠菌群（毫克/升）	不超过 5 000 个/升（贝类养殖水质不超过 500 个/升）
8	汞（毫克/升）	≤0.000 5
9	镉（毫克/升）	≤0.005
10	铅（毫克/升）	≤0.05
11	铬（毫克/升）	≤0.1
12	铜（毫克/升）	≤0.01
13	锌（毫克/升）	≤0.1

(续)

项目序号	项目	标准值
14	镍（毫克/升）	≤0.05
15	砷（毫克/升）	≤0.05
16	氰化物（毫克/升）	≤0.005
17	硫化物（毫克/升）	≤0.2
18	氟化物（以F计）	≤1
19	非离子氨（毫克/升）	≤0.02
20	凯氏氮（毫克/升）	≤0.05
21	挥发性酚（毫克/升）	≤0.005
22	黄磷（毫克/升）	≤0.001
23	石油类（毫克/升）	≤0.05
24	丙烯腈（毫克/升）	≤0.5
25	丙烯醛（毫克/升）	≤0.02
26	六六六（丙体）（毫克/升）	≤0.002
27	滴滴涕（毫克/升）	≤0.001
28	马拉硫磷（毫克/升）	≤0.005
29	五氯酚钠（毫克/升）	≤0.01
30	乐果（毫克/升）	≤0.1
31	甲胺磷（毫克/升）	≤1
32	甲基对硫磷（毫克/升）	≤0.000 5
33	呋喃丹（毫克/升）	≤0.01

资料来源：《渔业水质标准》（GB 11607—89）。

三、食品动物禁用的兽药及其他化合物清单

兽医科学是不断发展的，国家可能会对禁用药物名录进行调整，因此以下清单仅供参考，实际生产中，请以国家最新发布的名录为准。

附表 1-3 食品动物禁用药物及出处

序号	兽药及其他化合物名称	禁止用途	禁用动物	出处
1	β-兴奋剂类：克仑特罗、沙丁胺醇、西马特罗及其盐、酯及制剂	所有用途	所有食品动物	农牧发〔2002〕1号 农业部公告第235号附录4 农业部公告第176号 农业部公告第560号 农业部公告第193号
2	β-兴奋剂类：硫酸沙丁胺醇、莱克多巴胺、盐酸多巴胺、硫酸特布他林	饲料和动物饮用水	所有食品动物	农业部公告第176号
3	性激素类：己烯雌酚及其盐、酯及制剂	所有用途	所有食品动物	农牧发〔2002〕1号 农业部公告第235号附录4 农业部公告第176号 NY 5071—2002 农业部公告第193号
4	甲基睾丸酮	所有用途	所有食品动物	农业部公告第235号附录4 NY 5071—2002
5	群勃龙	所有用途	所有食品动物	农业部公告第235号附录4
6	性激素类：雌二醇、戊酸雌二醇、氯稀雌醚、炔诺醇、炔诺醚、醋酸氯地孕酮、左炔诺孕酮、炔诺酮、绒毛膜促性腺激素、促卵泡生长激素	饲料和动物饮用水	所有食品动物	农业部公告第176号 NY 5071—2002

（续）

序号	兽药及其他化合物名称	禁止用途	禁用动物	出处
7	苯甲酸雌二醇	允许作治疗用，但不得在动物性食品中检出	所有食品动物	农业部公告第 235 号附录 3
		饲料和动物饮用水	所有食品动物	农业部公告第 176 号
8	具有雌激素样作用的物质：玉米赤霉醇、去甲雄三烯醇酮、醋酸甲孕酮及制剂	所有用途	所有食品动物	农牧发〔2002〕1 号 农业部公告第 235 号附录 4 农业部公告第 193 号
	玉米赤霉醇	促生长		农办牧〔2001〕38 号附件三
9	蛋白同化激素：碘化酪蛋白	饲料和动物饮用水	所有食品动物	农业部公告第 176 号
		促生长		农办牧〔2001〕38 号附件三
10	蛋白同化激素：苯丙酸诺龙及苯丙酸诺龙注射液	允许作治疗用，但不得在动物性食品中检出	所有食品动物	农业部公告第 235 号附录 3
		饲料和动物饮用水	所有食品动物	农业部公告第 176 号
11	氯霉素及其盐、酯（包括：琥珀氯霉素）及制剂	所有用途	所有食品动物	农牧发〔2002〕1 号 农业部公告第 235 号附录 4 NY 5071—2002 农业部公告第 193 号

（续）

序号	兽药及其他化合物名称	禁止用途	禁用动物	出处
12	氨苯砜及制剂	所有用途	所有食品动物	农牧发〔2002〕1号 农业部公告第235号附录4 农业部公告第193号
13	喹 𬳵 啉类：卡巴氧及其盐、酯及制剂	所有用途	所有食品动物	农业部公告第560号
14	抗生素类：万古霉素及其盐、酯及制剂	所有用途	所有食品动物	农业部公告第560号
15	抗生素、合成抗菌药：头孢哌酮、头孢噻肟、头孢曲松（头孢三嗪）、头孢噻吩、头孢拉啶、头孢唑啉、头孢噻啶、罗红霉素、克拉霉素、阿奇霉素、磷霉素、硫酸奈替米星、氟罗沙星、司帕沙星、甲替沙星、克林霉素（氯林可霉素、氯洁霉素）、妥布霉素、胍哌甲基四环素、盐酸甲烯土霉素（美他环素）、两性霉素、利福霉素等及其盐、酯及单、复方制剂	所有用途	所有食品动物	农业部公告第560号

157

（续）

序号	兽药及其他化合物名称	禁止用途	禁用动物	出处
16	解热镇痛类：双嘧达莫（预防血栓栓塞性疾病）、聚肌胞、氟胞嘧啶、代森铵（农用杀虫菌剂）、磷酸伯氨喹、磷酸氯喹（抗疟药）、异噻唑啉酮（防腐杀菌）、盐酸地酚诺酯（解热镇痛）、盐酸溴己新（祛痰）、西咪替丁（抑制人胃酸分泌）、盐酸甲氧氯普胺、甲氧氯普胺（盐酸胃复安）、比沙可啶（泻药）、二羟丙茶碱（平喘药）、白细胞介素-2、别嘌醇、多抗甲素（α-甘露聚糖肽）等及其盐、酯及制剂	所有用途	所有食品动物	农业部公告第560号
17	抗病毒药物：金刚烷胺、金刚乙胺、阿昔洛韦、吗啉（双）胍（病毒灵）、利巴韦林等及其盐、酯及单、复方制剂	所有用途	所有食品动物	农业部公告第560号
18	复方制剂：①注射用的抗生素与安乃近、氟喹诺酮类等化学合成药物的复方制剂；②镇静类药物与解热镇痛药等治疗药物组成的复方制剂	所有用途	所有食品动物	农业部公告第560号

（续）

序号	兽药及其他化合物名称	禁止用途	禁用动物	出处
19	硝基呋喃类：呋喃唑酮、呋喃它酮、呋喃苯烯酸钠、呋喃西林、呋喃妥因及制剂	所有用途	所有食品动物	农牧发〔2002〕1号 农业部公告第235号附录4 NY 5071—2002 农业部公告第560号 农业部公告第193号
20	硝基呋喃类：呋喃西林、呋喃那斯	所有用途	水生食品动物	NY 5071—2002
21	硝基化合物：硝基酚钠、硝呋烯腙、替硝唑及制剂	所有用途	所有食品动物	农牧发〔2002〕1号 农业部公告第235号附录4 农业部公告第560号 农业部公告第193号
22	催眠、镇静类：安眠酮及制剂	所有用途	所有食品动物	农牧发〔2002〕1号 农业部公告第235号附录4 农业部公告第193号
23	精神药品：盐酸异丙嗪、苯巴比妥、苯巴比妥钠、巴比妥、异戊巴比妥、异戊巴比妥钠、利血平、艾司唑仑、甲丙氨脂、咪达唑仑、硝西泮、奥沙西泮、匹莫林、三唑仑、唑吡旦、其他国家管制的精神药品	饲料和动物饮用水	所有食品动物	农业部公告第176号

（续）

序号	兽药及其他化合物名称	禁止用途	禁用动物	出处
24	精神药品：盐酸氯丙嗪、安定（地西泮）	允许作治疗用，但不得在动物性食品中检出	所有食品动物	农业部公告第 235 号附录 3
25		饲料和动物饮用水	所有食品动物	农业部公告第 176 号
26	地虫硫磷	所有用途	水生食品动物	NY 5071—2002
27	滴滴涕	所有用途	水生食品动物	NY 5071—2002
28	氟氯氰菊酯、氟氰戊菊酯	所有用途	水生食品动物	NY 5071—2002
29	磺胺噻唑、磺胺脒	所有用途	水生食品动物	NY 5071—2002
30	红霉素	所有用途	水生食品动物	NY 5071—2002
31	杆菌肽锌	所有用途	水生食品动物	NY 5071—2002
32	泰乐菌素	所有用途	水生食品动物	NY 5071—2002
33	环丙沙星	所有用途	水生食品动物	NY 5071—2002
34	阿伏帕星	所有用途	水生食品动物	NY 5071—2002
35	喹乙醇	所有用途	水生食品动物	NY 5071—2002

（续）

序号	兽药及其他化合物名称	禁止用途	禁用动物	出处
36	速达肥	所有用途	水生食品动物	NY 5071—2002
37	林丹（丙体六六六）	杀虫剂	水生食品动物	农牧发〔2002〕1 号 NY 5071—2002
			所有食品动物	农业部公告第 235 号附录 4 农业部公告第 193 号
38	毒杀芬（氯化烯）	杀虫剂、清塘剂	水生食品动物	农牧发〔2002〕1 号 NY 5071—2002
			所有食品动物	农业部公告第 235 号附录 4 农业部公告第 193 号
39	呋喃丹（克百威）	杀虫剂	水生食品动物	农牧发〔2002〕1 号 NY 5071—2002
			所有食品动物	农业部公告第 235 号附录 4 农业部公告第 193 号
40	杀虫脒（克死螨）	杀虫剂	水生食品动物	农牧发〔2002〕1 号 NY 5071—2002
			所有食品动物	农业部公告第 235 号附录 4 农业部公告第 193 号
41	双甲脒	杀虫剂	水生食品动物	农牧发〔2002〕1 号 NY 5071—2002
			所有食品动物	农业部公告第 235 号附录 4

（续）

序号	兽药及其他化合物名称	禁止用途	禁用动物	出处
42	酒石酸锑钾	杀虫剂	水生食品动物	农牧发〔2002〕1号 NY 5071—2002
			所有食品动物	农业部公告第235号附录4 农业部公告第193号
43	锥虫胂胺	杀虫剂	水生食品动物	农牧发〔2002〕1号 NY 5071—2002
			所有食品动物	农业部公告第235号附录4 农业部公告第193号
44	孔雀石绿	抗菌、杀虫剂	水生食品动物	农牧发〔2002〕1号 NY 5071—2002
		兽药、饲料添加剂	所有食品动物	农业部公告第235号附录4 农业部公告第193号
45	五氯酚酸钠	杀螺剂	水生食品动物	农牧发〔2002〕1号 NY 5071—2002
			所有食品动物	农业部公告第235号附录4 农业部公告第193号
46	各种汞制剂，包括：氯化亚汞（甘汞）、硝酸亚汞、醋酸汞、吡啶基醋酸汞	杀虫剂	水生食品动物	农牧发〔2002〕1号 NY 5071—2002
			所有食品动物	农业部公告第235号附录4 农业部公告第193号

（续）

序号	兽药及其他化合物名称	禁止用途	禁用动物	出处
47	性激素类：甲基睾丸酮、苯丙酸诺龙、苯甲酸雌二醇及其盐、酯及制剂	促生长	所有食品动物	农牧发〔2002〕1号 农业部公告第193号
48	丙酸睾酮	允许作治疗用，但不得在动物性食品中检出	所有食品动物	农业部公告第235号附录3
49	催眠、镇静类：氯丙嗪、地西泮（安定）及其盐、酯及制剂	促生长	所有食品动物	农牧发〔2002〕1号 农业部公告第193号
50	硝基咪唑类：甲硝唑、地美硝唑及其盐、酯及制剂	促生长	所有食品动物	农牧发〔2002〕1号 农业部公告第193号
		允许作治疗用，但不得在动物性食品中检出		农业部公告第235号附录3
51	洛硝达唑	所有用途	所有食品动物	农业部公告第235号附录4
52	潮霉素	允许作治疗用，但不得在动物性食品中检出	猪/鸡	农业部公告第235号附录3
53	塞拉嗪	允许作治疗用，但不得在动物性食品中检出	产奶动物	农业部公告第235号附录3

（续）

序号	兽药及其他化合物名称	禁止用途	禁用动物	出处
54	牛、猪生长激素（PST、BST）	促生长	牛、猪	农办牧［2001］38 号附件三
55	各种抗生素滤渣	饲料和动物饮用水	所有食品动物	农业部公告第 176 号

注：食品动物是指各种供人食用或其产品供人食用的动物。

附表 1-4　禁用药物出处文件明细

出　处	全　称
农业部公告第 235 号	中华人民共和国农业部公告第 235 号《动物性食品中兽药最高残留限量》
农牧发［2002］1 号	农牧发［2002］1 号《关于发布〈食品动物禁用的兽药及其他化合物清单〉的通知》
农业部公告第 176 号	中华人民共和国农业部公告第 176 号《禁止在饲料和动物饮用水中使用的药物品种目录》
NY 5071—2002	中华人民共和国农业行业标准 NY 5071—2002《无公害食品　渔用药物使用准则》
农办牧［2001］38 号附件三	农办牧［2001］38 号《关于深入开展畜牧行业生产资料打假的通知》附件 3：兽药打假实施方案
农牧发［2001］20 号附件 1	农牧发［2001］20 号《关于发布〈饲料药物添加剂使用规范〉的通知》附件 1：饲料药物添加剂使用规范
农业部公告第 560 号	中华人民共和国农业部公告第 560 号《兽药地方标准废止目录》
农业部公告第 193 号	中华人民共和国农业部公告第 193 号《食品动物禁用的兽药及其他化合物清单》

附录二　泥鳅疾病防治常用药物

迄今为止，中华人民共和国农业部共公布了四批《兽药试行标准转正标准目录》，其中包括部分水产药物。2013 年 9 月 30 日，农业部公告了《兽用处方药品种目录（第一批）》，自 2014 年 3 月 1 日起施行。2016 年 11 月 28 日农业部发布了《兽用处方药品种目录（第二批）》，自发布之日起施行。该附录介绍了在泥鳅病害防治中常用的国家标准许可的水产药物。

一、抗生素

（一）硫酸新霉素粉

本品为兽用处方药。类白色至淡黄色粉末，极易溶于水。用于治疗泥鳅等水生动物由气单胞菌、爱德华菌及弧菌等引起的肠道疾病。每千克体重用 5 毫克（以新霉素计）均匀拌饲投喂，每天 1 次，连用 4～6 天。休药期为 500 度日。

（二）盐酸多西环素粉

本品为兽用处方药。淡黄色或黄色结晶性粉末，易溶于水。用于治疗泥鳅等鱼类由弧菌、嗜水气单胞菌及爱德华菌等细菌引起的疾病。每千克体重用 20 毫克（以多西环素计）均匀拌饲投喂，每天 1 次，连用 3～5 天。休药期为 750 度日。

（三）甲砜霉素粉

本品为兽用处方药。白色结晶性粉末，微溶于水。用于治疗泥鳅等鱼类由气单胞菌、假单胞菌及弧菌等引起的出血病、溃疡病、肠炎病、烂鳃病、赤鳍病及赤皮病等。每千克体重用 0.35 克（以甲砜霉素粉计）均匀拌饲投喂，每天 2～3 次，连用 3～5 天。休药期为 500 度日。

（四）氟苯尼考粉

本品为兽用处方药。白色或类白色结晶性粉末，在水中极微溶解。用于治疗泥鳅等鱼类由细菌引起的出血病、溃疡病、肠炎病及烂鳃病等。每千克体重用10～15毫克（以氟苯尼考计）均匀拌饲投喂，每天1次，连用3～5天。休药期为375度日。

二、磺胺类

（一）复方磺胺嘧啶粉

本品为兽用处方药。白色或类白色结晶性粉末，在水中几乎不溶。主要成分为磺胺嘧啶和甲氧苄啶。用于治疗泥鳅等鱼类由气单胞菌和荧光假单胞菌等引起的出血病、赤皮病、肠炎病及溃疡病等。每千克体重用0.3克（以复方磺胺嘧啶粉计）均匀拌饲投喂，每天2次，连用3～5天。首次用量加倍。休药期为500度日。

（二）磺胺间甲氧嘧啶钠粉

本品为兽用处方药。白色或类白色结晶性粉末，易溶于水。用于治疗泥鳅等鱼类由气单胞菌、荧光假单胞菌及爱德华菌等引起的疾病。每千克体重用80～160毫克（以磺胺间甲氧嘧啶钠计）均匀拌饲投喂，每天1次，连用4～6天。首次用量加倍。休药期为500度日。

（三）复方磺胺二甲嘧啶粉

本品为兽用处方药。类白色粉末，几乎不溶水。主要成分为磺胺二甲嘧啶和甲氧苄啶。用于治疗泥鳅等水生动物由嗜水气单胞菌和温和气单胞菌等引起的赤鳍病、赤皮病、肠炎病及溃疡病等。每千克体重用1.5克（以复方磺胺二甲嘧啶粉计）均匀拌饲投喂，每天2次，连用6天。首次用量加倍。休药期为500度日。

（四）复方磺胺甲𫚈唑粉

本品为兽用处方药。白色或类白色粉末，几乎不溶于水。主要成分为磺胺甲𫚈唑和甲氧苄啶。用于治疗泥鳅等鱼类的由气单胞菌和荧光假单胞菌等引起的肠炎病、出血病、赤皮病及溃疡病等。每千克体重用0.45～0.6克（以复方磺胺甲𫚈唑粉计）均匀拌饲投喂，每天2次，连用5～7天。首次用量加倍。休药期为500度日。

三、喹诺酮类

（一）恩诺沙星粉

本品为兽用处方药。类白色粉末，不溶于水。用于治疗泥鳅等水生动物由细菌性感染引起的出血病、烂鳃病、溃疡病、肠炎病及赤鳍病等。每千克体重用 10～20 毫克（以恩诺沙星计）均匀拌饲投喂，每天 1 次，连用 5～7 天。休药期为 500 度日。

（二）诺氟沙星粉

本品为兽用处方药。白色或微黄色粉末，在水中极微溶解。用于治疗泥鳅等水生动物由弧菌、气单胞菌及爱德华菌等引起的疾病。每千克体重用 15～20 毫克（以诺氟沙星计）均匀拌饲投喂，每天 1 次，连用 3～5 天。休药期为 500 度日。

（三）乳酸诺氟沙星可溶性粉

本品为兽用处方药。类白色或淡黄色结晶性粉末，易溶于水。用于治疗泥鳅等水生动物由弧菌、气单胞菌及爱德华菌等引起的疾病。每千克体重用 15～20 毫克（以诺氟沙星计）均匀拌饲投喂，每天 1 次，连用 3～5 天。休药期为 500 度日。

四、抗微生物中药制剂

（一）三黄散

主要成分为黄芩、黄柏、大黄与大青叶。黄色至黄棕色或黄绿色的粉末。主治泥鳅等水生动物的细菌性出血病、肠炎病、烂鳃病及溃疡病。每千克体重用 0.5 克均匀拌饲投喂，每天 1 次，连用 4～6 天。

（二）青连白贯散

主要成分为大青叶、白头翁、绵马贯众、大黄、黄连等。浅棕黄色至棕黄色粉末。主治泥鳅等水生动物的出血病、肠炎病、赤皮病、溃疡病及白尾病。每千克体重用 0.4 克均匀拌饲投喂，每天 2 次，连用 3～5 天。

（三）五倍子末

灰褐色或灰棕色粉末。主治泥鳅等水生动物的水霉病和鳃霉病。用法与用量：①每千克体重用0.1～0.2克均匀拌饲投喂，每天3次，连用5～7天。②每立方米水体用0.3克全池泼洒，每天1次，连用2天。③每立方米水体用2～4克浸浴30分钟。

五、抗原虫药

（一）硫酸铜、硫酸亚铁粉

主要成分为五水硫酸铜、七水硫酸亚铁。浅蓝色粉末。用于杀灭或驱除泥鳅等鱼类的鳃隐鞭虫、车轮虫、斜管虫及杯体虫等寄生虫。用法与用量：①药浴法：每立方米水体用10克药浴15～30分钟。②泼洒法：水温低于30℃，每立方米水体用1克；水温超过30℃，每立方米水体用0.6～0.7克。休药期为500度日。

（二）地克珠利预混剂

白色或类白色粉末。用于防治泥鳅等鱼类的黏孢子虫病。每千克体重用2.0～2.5毫克（以有效成分计）均匀拌饲投喂，每天1次，连用2～3天为一个疗程，隔3～5天后，可重复下一个疗程。休药期为500度日。

六、驱杀蠕虫药

（一）阿苯达唑粉

类白色粉末。主要用于治疗泥鳅等鱼类由指环虫、三代虫、黏孢子虫及毛细线虫等感染引起的疾病。每千克体重用0.2克（以阿苯达唑计）均匀拌饲投喂，每天1次，连用5～7天。休药期为500度日。

（二）甲苯咪唑溶液

本品为兽用处方药。微黄色澄清液体。用于治疗泥鳅等鱼类的指环虫病和三代虫病等。每立方米水体用1～1.5克（以甲苯咪唑计），加2 000倍水稀释后全池均匀泼洒。

（三）精制敌百虫粉

本品为兽用处方药。白色或类白色粉末。用于杀灭或驱除泥鳅等鱼类的三代虫、指环虫、复殖吸虫及线虫等寄生虫。每立方米水体用 0.18～0.45 克（以敌百虫计）用水溶解后全池均匀泼洒，鳅苗用量酌减。休药期为 500 度日。

七、杀虫驱虫的中药制剂

（一）百部贯众散

主要成分为百部、绵马贯众、樟脑、苦参、食盐等。黄褐色的粉末。主治黏孢子虫病。每立方米水体用 3 克全池均匀泼洒，每天 1 次，连用 5 天。

（二）苦参末

棕黄色粉末。主治车轮虫病、指环虫病、三代虫病、肠炎病及出血病。用法与用量：①每千克体重用 1～2 克拌饲投喂，每天 1 次，连用 5～7 天。②每立方米水体用 1～1.5 克全池均匀泼洒，每天 1 次，连用 5～7 天。

八、外用消毒剂

（一）漂白粉（含氯石灰）

主要成分为含氯石灰、次氯酸钙与碳酸钙等的复合物。灰白色颗粒性粉末；有氯臭；在空气中吸收水分与二氧化碳而缓缓分解；在水或乙醇中部分溶解。用于水体消毒，防治泥鳅等水生动物由弧菌、嗜水气单胞菌及爱德华菌等引起的疾病。使用时用水稀释 1 000～3 000 倍后全池均匀泼洒，每立方米水体用 1～1.5 克，每天 1 次，连用 2 次。

（二）高碘酸钠溶液

无色或淡黄色透明液体。用于养殖水体的消毒，防治泥鳅等水生动物由弧菌、嗜水气单胞菌及爱德华菌等细菌引起的出血病、烂鳃病、肠炎病及溃疡病等。使用时用 300～500 倍水稀释后全池均匀泼洒，每立方米水体用 15～20 毫克（以高碘酸钠计）。治疗：每 2～3 天 1 次，连用 2～3 次；预防：每 15 天 1 次。休药期为 500 度日。

（三）聚维酮碘溶液

深红棕色黏稠液体。用于养殖水体的消毒，防治泥鳅等水生动物由弧菌、嗜水气单胞菌及爱德华菌等细菌引起的疾病。使用时用300～500倍的水稀释后全池均匀泼洒，每立方米水体用4.5～7.5毫克（以有效碘计）。治疗：隔天1次，连用2～3次；预防：每7天1次。休药期为500度日。

（四）三氯异氰脲酸粉

白色或类白色粉末，有次氯酸的刺激性气味。用于养殖水体的消毒，防治泥鳅等水生动物的细菌性疾病。用1 000～3 000倍的水将本品稀释后全池均匀泼洒。治疗：每立方米水体用0.3～0.4克，每天1次，3天后再用1次；清塘：每立方米水体用50克。

（五）溴氯海因粉

类白色、淡黄色结晶性粉末或颗粒；有次氯酸的刺激性气味。用于养殖水体消毒，防治泥鳅等水生动物由弧菌、嗜水气单胞菌及爱德华菌等细菌引起的出血病、烂鳃病、溃疡病及肠炎病等。每立方米水体用0.03～0.04克（以溴氯海因计）兑水全池均匀泼洒。治疗：每天1次，病情严重时连用2天；预防：每15天1次。休药期为500度日。

（六）复合碘溶液

主要成分为碘和磷酸。红棕色黏稠液体。用于防治泥鳅等水生动物的细菌性疾病。每立方米水体用本品0.1毫升全池泼洒。休药期为500度日。

（七）次氯酸钠溶液

微黄色溶液，有类似氯气的气味。用于养殖水体的消毒，防治泥鳅等水生动物由细菌性感染引起的出血病、烂鳃病、肠炎病及溃疡病等。用水稀释300～500倍后全池遍洒，每立方米水体用本品1～1.5毫升。治疗：每2～3天1次，连用2～3次；预防：每15天1次。休药期为500度日。

（八）苯扎溴铵溶液

主要成分为苯扎溴铵和溴化二甲基苄基烃铵。无色至淡黄色的澄明液体。用于养殖水体的消毒，防治泥鳅等水生动物由细菌性感染引起的出血病、烂鳃病、肠炎病及溃疡病等。每100毫升中含苯扎溴铵 5 克、10 克、20 克、45 克。按上述规格，使用时分别用 300～500 倍、600～1 000 倍、1 200～2 000 倍及 2 700～4 500 倍的水稀释后全池均匀泼洒，每立方米水体用 0.1～0.15 克（以苯扎溴铵计）。治疗，每 2～3 天 1 次，连用 2～3 次；预防，每 15 天 1 次。

（九）戊二醛溶液

淡黄色的澄清液体，有刺激性特臭。用于水体消毒，防治泥鳅等水生动物由弧菌、嗜水气单胞菌及爱德华菌等引起的疾病。每 100 克中含戊二醛 20 克。用水稀释 300～500 倍，全池均匀泼洒。治疗：每立方米水体用 40 毫克（以戊二醛计），每 2～3 天 1 次，连用 2～3 次。预防：每立方米水体用 40 毫克，每 15 天 1 次。

九、调节代谢及生长的药物

（一）维生素 C 钠粉

白色至微黄色粉末。用于预防和治疗泥鳅等水生动物的维生素 C 缺乏症等。每千克体重用 3.5～7.5 毫克（以维生素 C 钠计）均匀拌饲投喂，每天 1 次，连用 7 天。

（二）亚硫酸氢钠甲萘醌粉

白色或类白色粉末。用于辅助治疗泥鳅等水生动物的细菌性出血病。每千克体重用 1～2 毫克（以亚硫酸氢钠甲萘醌计）均匀拌饲投喂，每天 1～2 次，连用 3 天。

（三）肝胆利康散

主要成分为茵陈、大黄、郁金、连翘、柴胡等。黄棕色粉末。主治泥鳅等鱼类的肝胆综合征。每千克体重用 0.1 克均匀拌饲投喂，每天 1 次，连用 10 天。

（四）板黄散

主要成分为板蓝根和大黄。黄色至淡棕黄色粉末。主治泥鳅等鱼类的肝胆综合征。每千克体重用 0.2 克均匀拌饲投喂，每天 3 次，连用 5～7 天。

（五）芪参散

主要成分为黄芪、人参、甘草。灰白色或灰黄色粉末。用于增

强泥鳅等水生动物的免疫功能，提高抗应激能力。每千克体重用
0.7～1.4 克均匀拌饲投喂，每天 1 次，连用 5～7 天。

(六) 利胃散

主要成分为龙胆、肉桂、干酵母、碳酸氢钠、硅酸铝。用于增
强食欲，辅助消化，促进生长。每千克饲料用 3.2 克拌饲投喂，每
天 1～2 次，连喂 5～7 天。

附录三　轮虫的培育

轮虫广泛分布于淡水、咸淡水和海水中，是一群微小的多细胞
动物，种类多，对环境适应性强、繁殖快、营养丰富、大小适中、
易培养，是鱼、虾、蟹幼体理想的动物性饵料，目前广泛应用于生
产性培养的是褶皱臂尾轮虫。

一、轮虫的特点

生命力强：喜欢有机质较丰富的水体，易培养。繁殖快：环境
条件适宜时，日生长率达 30%。营养丰富：干物质中蛋白质含量
57%、脂肪含量 20%、钙含量 1.8%、磷含量 15%。大小适宜：
为大多数有鳍鱼类的开口饵料，面积约 250 微米×150 微米。

二、轮虫的培养

(一) 轮虫种的来源

选择个体大小一致、活力强、带卵多的轮虫为种源。

(1) 分离　在有机质较丰富的海域、池塘内，用 250～300 目
制成手抄网捞取，镜检后用吸管分离获得。

(2) 卵孵化　轮虫休眠卵尚未形成像卤虫那样的产品，但在已
培养轮虫的旧池内轮虫水不必排掉，待需要轮虫时，提前 1 个月将
旧水排掉留 10 厘米，再灌入新水，并培养单胞藻，当单胞藻培养
至一定浓度时，在适宜生态条件下，旧池底内的轮虫休眠卵就会孵
化出来。

（3）**索取或购买**　向有关单位索取或购买。

（二）培养池

玻璃钢池：5～20 米³，投资少、装卸方便；水泥池：10～40 米³，水深 1 米。

（三）培养用水

进口过滤袋或 40～60 毫克/升处理水，调节盐度至 18 左右（相对密度 1.016）。漂白粉处理水：准确称取漂白粉需求量，用 80～100 目筛绢擦滤于处理水中，剩渣去掉。多放几个气石并开大气体，尽快将氯离子去除掉。一般需经 20 小时以上曝气，若急需用水，则用与漂白粉等量硫代硫酸钠中和。

（四）接轮虫

接种量以 30～50 只/毫升最为保险。若原轮虫种不受污染，最好按比例将原培养水一并抽入培养，这样不至于环境变化太大，使轮虫生长繁殖产生一段间歇期。

（五）饵料投喂

目前轮虫主要投喂单胞藻和面包酵母。

1. 单胞藻

其饵料种类以绿藻最优，金藻类次之，硅藻类最差。目前多用去壁小球藻，投喂密度为每毫升 200 万个细胞；用亚心形扁藻，投喂密度为每毫升 50 万～100 万个细胞，效果更佳。

优点：营养好，培养水质好。

缺点：需两倍于培养轮虫的面积，轮虫密度低（每毫升仅 40～60 个）。

2. 酵母类

主要为面包酵母，也有啤酒酵母、油脂酵母、活性干酵母等（直径最好在 15 微米以下），包括细菌、酵母类、单胞藻、小型原生动物、有机碎屑等。

优点：供应稳定，投喂简便，轮虫繁殖生长快，培养密度可达每毫升 400～600 个，甚至最高达 1 000 个以上。

缺点：培养池水质易污染，所培养出的轮虫称酵母轮虫，缺少高度不饱和脂肪酸。

投喂方法：水温 20℃以下，投喂量为 50 克/(亿个·日)；水温 25℃以上，投喂量为 100 克/(亿个·日)，投喂时用 150～200 目筛绢过滤后均匀泼洒。由于面包酵母不耐盐，应采用多次投饵（每天分 3～5 次投喂为好），同时注意投饵量的准确，培养 10～20 天后需移池。

3. 两者混合投喂

用小球藻（占饵料量 30%～50%）和面包酵母（占饵料量 50%～70%）混合饲喂轮虫，已成为一种规范化的培养技术。

单胞藻：在收集轮虫之后，以加水形式加入，加 10～30 厘米。

面包酵母：投喂量为 50～70 克/(亿个·日)，每天分 3～4 次投喂。

(六) 日常管理

1. 轮虫的计数

准确地计数轮虫量，才能准确控制投饵量。

(1) **吸管计数法** 先将吸管校正标有 1 毫升刻度，吸满 1 毫升，数出每毫升几滴。然后用烧杯在轮虫培养池的气石旁取样，搅匀，吸满吸管至 1 毫升刻度，全数 1 毫升内轮虫数或数 10 滴轮虫数后再换算成 1 毫升的轮虫数。

(2) **浮游生物计数框法** 取具 1 毫升槽体积的浮游生物计数框，取样同上，用吸管装满框槽，加 1 滴福尔马林杀死轮虫，在显微镜下计数。

2. 准确控制投饵量

根据水温和轮虫数量投饵。

3. 注意观察生长情况

每天多次观察轮虫的生长情况和敌害发生，白天观察用烧杯捞起来看，晚上观察用手电筒直接照射看。定期吸取底污观察原生动物的数量。

4. 注意水质恶化

培养池底脏，有上浮物随气体漂浮上来，需换水或移池。移池时，若无敌害，即用水管虹吸或水泵抽至新池。特别注意绝不能混进洗池水（含漂白粉的水，轮虫对漂白粉特别敏感）。

（七）敌害防治

1. 原生动物

一定的光照可抑制原生动物的生长。污染严重时，用250目筛绢过滤掉，池子彻底消毒。

2. 聚缩虫

可用30～40毫升/米^{3}的福尔马林处理，但轮虫也会受影响。

3. 红色菌群

有些是轮虫的良好饵料，一般不影响轮虫繁殖与生长，可用1毫克/升的抗生素抑制。或是投饵量过多引起底质有机物沉积。若对轮虫有影响，则用250～300目筛绢过滤出轮虫重新接种，且培养水需彻底消毒。

（八）轮虫收获

一般轮虫生长密度达每毫升200个后，繁殖减慢，雄性个体会出现，即进行收集。收集方法如下。

1. 虹吸法

用水管或水泵抽吸出，并用250～300目筛绢过滤。

2. 网捞

用250～300目筛绢制成手抄网随时捞取。

3. 光诱捕

轮虫具趋光性，在培养池一角放一个灯，轮虫会聚集此处以便捕捞。

附录四　水蚯蚓的人工养殖

水蚯蚓又称丝蚯蚓、红线虫，是环节动物中水生寡毛类的总称，属淡水底栖生物。长4～55毫米，粗0.5～1.5毫米，呈暗红色，终生生活在微水流、多腐烂有机物的水底淤泥中。常将身体前端钻入泥中，后端在泥面摆动，受惊后缩入泥中。喜温，最适水温为 15～28℃，高于 28℃或低于 8℃，一般会停止生长繁殖。卵茧产于泥中 7～10 天孵出幼蚓。20～30 天发育成熟，寿命 80 天左右，繁殖力极强。

水蚯蚓蛋白质含量高、营养丰富、适口性好，是许多动物喜食的天然饵料。用水蚯蚓培育泥鳅苗种，具有生长快、成活率高、抗病力强等其他饲料无法相比的优点，因此，水蚯蚓已成为发展泥鳅养殖业的重要饲料源。现将水蚯蚓的人工养殖技术介绍如下。

一、养殖条件

（一）养殖池条件

宜选水源充足、排灌方便、坐北朝南、交通便利的地方建池。池长 10～30 米、宽 3～10 米，池埂高 20～30 厘米。池底最好打成三合土，并且要有一定的坡度向出水口方向倾斜，坡降为 0.5%～1%。在较高的一端设进水沟、进水口，较低的一端设排水沟、排水口，并在进、排水口设置金属网拦栅，以防鱼、虾、螺等敌害随水进入池中。注意，蚓池要有一定的长度，否则投放的饲料、肥料易被水流带走散失。如果无法建成长条形时，可因地制宜建成环流形池或曲流形池等。

（二）敷设培养基

优质的培养基是缩短水蚯蚓采收周期从而获得高产的关键。培养基的原材料可选用富含有机质的污泥（如鱼塘淤泥、稻田肥泥、污水沟边的黑泥等）、疏松剂（如甘蔗渣等）和有机粪肥（如猪粪、牛粪、鸡粪等）三类物质。装填程序是：先在池底铺垫一层甘蔗渣或其他疏松剂，用量是 2～3 千克/米²，随即铺上一层污泥，使总厚度达到 10～12 厘米，加水淹没基面，浸泡 2～3 天后施猪粪、牛粪、鸡粪，用量为 10 千克/米² 左右。接蚓种前再在表面敷一层厚度 3～5 厘米的污泥，同时在泥面上薄撒一层经发酵处理的麸皮与米糠、玉米粉等的混合饲料，每平方米撒 150～250 克。最后加水，使培养基面上有 3～5 厘米深的水层，这时就可引进水蚯蚓种。新建池的培养基一般可连续使用 2～3 年，过时则应更新。

二、引种入池

(一) 种源

每年春季，气温升至 18℃ 以上时是最佳引种期。蚓种可到城镇近郊的居民区、畜禽场、屠宰场及食品厂的排污沟中采集，也可到养殖场购买。把蚓种均匀地撒在养殖池的培养基面上即可。

(二) 数量

引种一般以养殖面积 100～500 克/米^2 为宜。水蚯蚓的繁殖能力很强，卵生，雌雄同体，异体受精。幼蚓到第 30 天后便进入繁殖高峰期，一条水蚯蚓能产 100 万～400 万粒卵茧。

三、饲养与管理

(一) 饲料与投料

水蚯蚓特别爱吃具有甜酸味的粮食类饲料，禽畜粪肥、生活污水、农副产品加工后的废弃物也是它们的优质饲料。但是所投饲料（尤其是粪肥）应充分腐熟、发酵，否则它们会在蚓池内发酵产生高热"烧死"蚓卵与幼蚓。粪肥可按常规在坑凼里自然腐熟，粮食类饲料在投喂前 16～20 小时加水发酵，在 20℃ 以上的室温条件下拌料，加水量以手捏成团、丢下即散为度，然后铲拢成堆、拍打结实，盖上塑料布即可。如果室温在 20℃ 以下时需加酵母片促其发酵，用量为每 1～2 千克干饲料加 1 片左右。于前一天 15:00—16:00 拌料，第 2 天上午即能发酵熟化。揭开塑料布有浓郁的甜酸酒香味即证明可以喂蚓了。

欲使水蚯蚓繁殖快，产量高，必须定期投喂饲料。接种至采收前每隔 7～15 天要追施腐熟的粪肥，用量控制在每 667 米^2 100～200 千克，20 天后即可开始采收。每收获 2～3 次就要追施粪肥，每 667 米^2 100 千克左右，同时投喂适量的粮食类饲料。投喂肥料时，应先用水稀释搅拌，除去草渣等杂物，再均匀投放在培养基表面，切勿撒成团块状堆积在蚓池里。投料前要关闭进、排水口，以免饲料漂流散失。

（二）擂池

这是饲养管理绝对不能缺少的一个环节。为了防止水蚯蚓池培养基板结，排出水蚯蚓的代谢废物和饲料分解产生的有害气体，抑制青苔、浮萍和杂草的生长，保持水流通畅，增加池中的溶氧量，必须定时擂池，方法是用 T 形木耙将水蚯蚓池培养基全面地搅动一次，把青苔、杂草擂入泥中。如果气温超过 38℃，最好在蚓池上方架设遮阳布降温。

（三）水质调节

要求用水的 pH 在 7.0～8.0，对于酸性水质可用生石灰进行调节；水深控制在 2～4 厘米比较适宜；水流应保持适宜速度，以既不会带走培养基面上的营养物质和蚓卵，又能保证溶解氧的供给和代谢物的排出为宜。此外，水蚯蚓对农药十分敏感，禁止喷洒各种药物。

四、采收技术

（一）采集方法

新建蚓池接种 30 天后便进入繁殖高峰期，采收方法可于前一天晚上断水或减小水流量，造成蚓池缺氧，第 2 天一早便可很方便地用聚乙烯网布做成的小抄网舀取水中蚓团。每天捞取量不宜过大，以捞完成团的水蚯蚓为度。

（二）净化方法

将刚采收带渣的水蚯蚓，以 10～20 千克为 1 个单元，放入事先准备好的塑料薄膜中，再将其口封闭，造成缺氧状态，10～20 分钟后，蚯蚓就会集中到表面，呈块状，顺手卷起与残渣完全分离的水蚯蚓即可。此法重复 1～2 次后，残渣里的水蚯蚓所剩无几。剩下的残渣还含有大量的蚓卵，应倒回养殖池中继续培育。

五、暂养与运输

（一）暂养

暂养池为长方形，混凝土结构。长 5～10 米、宽 1 米、高

0.2 米。水蚯蚓若当天未用完或售尽，应进行暂养。每平方米池面暂养水蚯蚓 10～20 千克，保持微流水或使用增氧泵增氧可暂养5～7 天。

（二）运输

短途运输可用水盆、木桶等容器装结块的水蚯蚓 8～10 厘米厚，加水少许，运输时间以不超过 3 小时为宜。长途运输时，可用充氧袋。每袋装水蚯蚓 10 千克，加 2～3 千克水，充足氧气。气温高时还需加入适量的外加包裹的冰块，低温运输成活率高。若运输量较大，也可用帆布篓等工具，以水蚯蚓与水 3∶1 的比例混合，在运输途中用氧气瓶充氧，效果会更好。

附录五　泥鳅民间药用方法

泥鳅具有一定的药用价值，但以下方法来自民间，不能替代药物，仅供读者参考。

一、骨质疏松症

泥鳅宰杀洗净上笼蒸 3 分钟左右，取出备用。砂锅内放适量高汤，下入适量豆腐、泥鳅，再加姜片、葱段调味后小火炖熟，最后淋少许麻油食用。

二、黄疸

可将洗净的泥鳅入锅用文火烘干，研成粉末，服时每次取 5 克，用温开水送服，每天服 3 次，对治疗急性和慢性肝炎有疗效，具有保肝、促使肿胀的肝脾回缩的功能。

三、遗精

泥鳅 400 克，大枣 6 枚（去核），生姜 3 片。将泥鳅开膛洗净，加水与大枣、生姜煮熟食之，每天 2 次，10 天为 1 个疗程。

四、阳痿

活泥鳅暂养后，与等量的鲜活虾煮汤食用，加米酒100毫升及适量水共煮熟。临睡时服，连服半个月，对肾虚引起的阳痿更有效。

五、痔疮下坠

泥鳅250克，配少许桔梗、地榆、槐花、诃子，共炖汤服。也可将泥鳅用醋炙熟服用。

六、小便不畅、湿热下淋

泥鳅适量，与豆腐同煮食。也可用白糖撒在泥鳅身上，使黏液、白糖混合，取混合液冲冷开水服。

七、小儿盗汗

①泥鳅200～250克，用温水洗去黏液，去头尾、内脏，用茶油煎至黄色，然后加水适量，煮汤至半碗，加盐适量，喝汤吃肉。每天1次，年龄小者分次服食。②泥鳅90克，糯稻根30克。先将泥鳅宰杀洗净，用食油煎至黄色。另用清水两碗煮糯稻根，煮至一碗时，放入泥鳅煮汤，调味后食用。

八、养元补气

泥鳅200克，用花生油煎至透黄后，加入适量水煮熟，调味食用，可补脾、益肾、健胃。

九、急性和慢性肝炎

①泥鳅200～250克，去内脏洗净，熬汤饮。每天1剂。②泥鳅适量，晒干研末，加适量薄荷（末）混匀，每天内服3次，每次10克。③泥鳅数条，放入清水中，滴几滴香油，每天换水。待泥鳅排除肠内污水后，用文火焙干研末，每次用温开水冲服5克，每

天 3 次。

十、消渴病

泥鳅适量，烘干研末，每次用 10 克，与葛根、花粉各 30 克煎水服。每天 3 次，有一定辅助治疗作用。

十一、小儿营养不良

泥鳅数条，用茶油煎至金黄色，放生姜 5 片，加水 3 碗，再加入黄芪、党参各 15 克，淮山药 30 克，红枣 10 枚，同煎至 1 碗，分次服用。

十二、急性和慢性骨髓炎

活泥鳅 2 条，鲜萍全草 30 克。泥鳅用水养 24 小时，保留体表黏滑物质，洗后用冷开水浸洗 1 次，将鲜萍、泥鳅一起捣烂敷患处，每天 1 次，2 周为 1 个疗程。

十三、湿疹、丹毒、神经痛、关节炎及腮腺炎

将泥鳅洗净后放入盆内，在泥鳅体表撒上适量的白糖，稍待片刻，取其体表黏液，外敷可治。

附录六　泥鳅常见食谱

一、泥鳅汤

(1) **材料**　泥鳅 200 克，生姜 4 片，料酒两大勺，葱适量，盐一小勺，鸡精半小勺，胡椒粉半小勺。

(2) **做法**　把泥鳅去头，去内脏，洗净；锅里加水，放生姜 2 片，料酒一大勺，烧开，把处理干净的泥鳅倒进锅中关火焖 2 分钟；取出泥鳅再用清水洗去泥鳅上面的黏膜，倒掉锅里的水；在锅里加入油适量，油加热后煸香姜片，葱结；泥鳅加入煎十几秒钟；移到砂锅里，加水、料酒，烧开；改小火炖至鳅肉酥烂，汤汁浓

稠；最后加入盐调味，喜食胡椒粉的可加适量胡椒粉。

二、酱爆泥鳅

（1）**材料** 泥鳅 200 克及酱油、油、葱、姜、蒜、盐。

（2）**做法** 泥鳅买回来后放在清水中，滴入几滴植物油，养上，让它排去肠内泥水污物。然后将泥鳅剖开后，将泥鳅的头、肠子去掉，在流水下冲洗几分钟；准备好葱、姜、蒜；锅中放适量的油，放入泥鳅煸炒；待泥鳅变色后，加上酱油、盐，再翻炒；最后放上葱、姜、蒜和适量的水，煮熟。

三、热泡泥鳅

（1）**材料** 去骨泥鳅 250 克，芹菜 100 克，切段。葱 25 克，一半切段，一半切碎。小青椒 50 克，切圈。老姜一小块，切片。蒜 3 瓣，切末。美极鲜味汁两大匙。花椒油一大匙。油辣椒三大匙。醋两大匙。老干妈香辣酱两大匙。白糖一匙。黄酒两大匙。味精一咖啡匙。盐适量。

（2）**做法** 在装泥鳅的碗里放入盐、姜片、葱碎、黄酒拌匀，将泥鳅腌上；将盐、小青椒圈、美极鲜味汁、油辣椒、醋、白糖、花椒油、蒜末、葱碎、香辣酱、味精或鸡精放碗里，加两汤匙热高汤或开水兑成调味汁；锅中放油烧至七成热，下泥鳅炒至亮油表面呈微黄色；将泥鳅推至锅边，放入芹菜段，加适量盐炒约半分钟；将泥鳅和芹菜炒匀后盛到大碗里；淋上兑好的调味汁；拌匀后泡上几分钟即可食用。

四、麻辣泥鳅

（1）**材料** 泥鳅 500 克及姜片、老抽、葱段、料酒、胡椒粉、精盐、白糖、味精。

（2）**做法** 活泥鳅宰杀，去内脏，洗净，放入姜片、老抽、葱片、料酒、胡椒粉拌匀，码味 10 分钟；油锅上火烧至七成热时，把泥鳅段沥汁水放入，炸至发硬后捞出沥油。底油锅上火，投入大料、红尖椒段、姜片、葱段炸香，加入适量精盐、白糖、味精及泥鳅，用小火收汁，入花椒面拌匀即成。

参 考 文 献

郝小凤.2013.日粮中不同硒水平对大鳞副泥鳅生理生化指标及肌肉品质的影响［D］.苏州：苏州大学.

胡勇,盘赛昆,姚东瑞,等.2012.Alcalase水解泥鳅蛋白制备降压肽工艺研究［J］.淮海工学院学报：自然科学版,21（1）：83-87.

胡勇,姚东瑞,盘赛昆,等.2013.泥鳅蛋白ACE抑制肽的分离及稳定性研究.食品科技,38（6）：247-250.

黄华.2013.泥鳅养殖效益分析［J］.农村新技术（5）：60.

李彩娟.2014.基于第二代测序的大鳞副泥鳅微卫星分子标记的开发与应用［D］.苏州：苏州大学.

凌去非,李义,李彩娟.2014.泥鳅高效养殖与疾病防治技术［M］.北京：化学工业出版社.

刘煜,梁明山,曾宇,等.1999,泥鳅体表黏液超氧化物歧化酶部分性质研究［J］.动物学杂志,34（3）：60.

罗文华.2013.试论泥鳅鱼养殖的市场前景［J］.黑龙江水产（5）：15-17.

裴颖,陈晓平.2009.泥鳅抗菌肽的制备及其抑菌效果的研究［J］.现代农业科技（24）：296-297.

钦传光,韩定献,董先智,等.2002.泥鳅及其提取物中营养成分的研究［J］.食品科学,23（2）：123-126.

宋学宏,凌去非,王永玲,等.2001.泥鳅规模人工繁殖的试验［J］.淡水渔业,31（6）：11-12.

孙智华,王建军,侯喜林,等.2001,泥鳅黏液中透明质酸的制备及其理化性质的研究［J］.药物生物技术,8（1）：42-44.

唐东茂.1998.泥鳅人工养殖最适条件初探［J］水产养殖（5）：23-24.

唐云明.1998泥鳅铁超氧化物歧化酶的纯化及其部分性质［J］.水生生物学报,22（3）：288-290.

王玉,时月,凌去非,等.2012.泥鳅粉及其加工副产品的营养学评价［J］.水产养殖,33（4）：20-24.

吴穹，许晓曦.2012. 泥鳅体表黏液多糖诱导 SGC－7901 细胞凋亡机理研究 [J].食品工业科技 (19)：124－127.

肖调义，金类理，廖承学.1999. 泥鳅人工繁殖生态因子的最适生态幅研究 [J].内陆水产，19 (2)：8－10.

姚东瑞，盘赛昆，周鸣谦，等.2011. 泥鳅血清凝集素的研究 [J]. 渔业科学进展，32 (6)：43－47.

姚东瑞，盘赛昆，周鸣谦，等.2012. 菠萝蛋白酶水解泥鳅蛋白制备 ACE 抑制肽的研究 [J]. 食品科学，33 (1)：180－85.

姚东瑞，周鸣谦，盘赛昆.2010. 泥鳅深加工现状与发展展望 [J]. 渔业科学进展，31 (6)：122－127.

游丽君，崔春，赵谋明，等.2008. 不同酶水解泥鳅蛋白的特性研究 [J]. 四川大学学报：工程科学版，40 (1)：74－80.

游丽君，赵谋明，Joe R，等.2009. 加工和贮藏条件对泥鳅多肽抗氧化活性的影响 [J]. 江苏大学学报：自然科学版，30 (6)：549－553.

张晨晓.2005. 泥鳅多糖的免疫调节和抗肿瘤作用机理 [D]. 武汉：华中科技大学.

张家国，孙静.2011. 复方泥鳅超微粉胶囊的成分分析 [J]. 食品研究与开发，32 (7)：165－168.

张竹青，李正友，胡世然，等.2010. 人工养殖泥鳅含肉率及肌肉营养成分分析 [J]. 贵州农业科学，38 (5)：159－162.

赵振山，高贵琴，印杰，等.1999. 泥鳅和大鳞副泥鳅营养成分分析 [J]. 水利渔业，19 (2)：16－17.

郑淋，游丽君，赵谋明.2011. 不同杀菌工艺对泥鳅多肽抗氧化活性的影响 [J].食品与发酵工业，37 (3)：109－112.

Dong X Z，Xu H B，Huang K X，et al. 2002. The preparation and characterization of an antimicrobial polypeptide from the loach，Misgurnus anguillicaudatus [J]. Protein ExpresPurif，26：235－242.

Goto－Nance R，Watanabe Y，Kamiya H，et al. 1995. Characterization of lectins from the skin mucus of the loach，Misgurnus anguillicaudatus [J]. Fisheries Sci，61 (1)：137－140.

Park C B，Lee J H，Park I Y，et al. 1997. A novel antimicrobial peptide from the loach，Misgurnus anguillicaudatus [J]. FEBS Lett，411 (2)：173－178.